图说玉帛之路考察

重走万里玉帛之路 挖掘千年文化遗存

军政 刘樱 瞿萍 / 著

上海科学技术文献出版社
Shanghai Scientific and Technological Literature Press

图书在版编目（CIP）数据

图说玉帛之路考察/军政，刘樱，瞿萍著．—上海：上海科学技术文献出版社，2016
（玉帛之路文化考察丛书）
ISBN 978-7-5439-7106-6

Ⅰ．①图… Ⅱ．①军…②刘…③瞿… Ⅲ．①玉石—文化—中国—古代—图解②丝绸之路—文化史—中国—图解 Ⅳ．①TS933.21-64②K203-64

中国版本图书馆CIP数据核字（2016）第150887号

本书由上海文化发展基金会图书出版专项基金资助出版

责任编辑：胡欣轩　王茗斐
装帧设计：有滋有味（北京）
装帧统筹：尹武进

丛书名：玉帛之路文化考察丛书
书　　名：图说玉帛之路考察
军政　刘樱　瞿萍　著
出版发行：上海科学技术文献出版社
地　　址：上海市长乐路746号
邮政编码：200040
经　　销：全国新华书店
印　　刷：上海中华商务联合印刷有限公司
开　　本：889×1194　1/32
印　　张：9.125
字　　数：204 000
版　　次：2017年2月第1版　2017年2月第1次印刷
书　　号：ISBN 978-7-5439-7106-6
定　　价：50.00元
http://www.sstlp.com

"玉帛之路文化考察丛书"编委会

顾　　问：范　鹏　郑欣淼　田　澍　梁和平
　　　　　王　柠　吴　亮　梅雪林
编委会主任：叶舒宪
委　　员：叶舒宪　薛正昌　冯玉雷　魏立平
　　　　　徐永盛　张振宇　赵晓红　杨文远
　　　　　军　政　刘　樱　瞿　萍
主　　编：吴海芸
执 行 主 编：冯玉雷
副 主 编：赵晓红　杨文远　刘　樱

本丛书是兰州市科技局"基于甘肃省玉矿资源的丝绸之路敦煌玉文化创意产品的开发与推广"阶段性成果。项目编号 2016-3-137

目 录

第一章　玉石之路山西道文化考察活动 …………… 001

第二章　"中国玉石之路与齐家文化"暨
　　　　"玉帛之路文化考察活动" …………… 009

一、"中国玉石之路与齐家文化"暨
　　"玉帛之路文化考察活动"启动仪式 …………… 013

二、"玉帛之路文化考察活动" …………… 034

三、"中国玉石之路与齐家文化"暨
　　"玉帛之路文化考察活动"总结会 …………… 065

四、新闻报道 …………… 095

第三章　环腾格里沙漠文化考察活动 …………… 109

第四章　玉帛之路与齐家文化考察活动 …………… 129

第五章　2015草原玉石之路（第五次玉帛之路）
　　　　文化考察活动暨首届中国玉文化高端
　　　　论坛 …………… 161

一、"草原玉石之路文化考察活动" …………… 167

二、首届中国玉文化高端论坛 …………… 180

三、新闻报道 ⋯⋯⋯⋯⋯⋯⋯⋯⋯⋯⋯ 233

第六章　草原玉石之路河套道考察活动 ⋯⋯ 247

第七章　玉石之路新疆南北道（第七、第八次玉帛之路）考察活动 ⋯⋯ 259

第八章　"玉帛之路系列文化考察活动"成果 ⋯⋯ 267
一、理论成果 ⋯⋯⋯⋯⋯⋯⋯⋯⋯⋯⋯ 269
二、专著成果 ⋯⋯⋯⋯⋯⋯⋯⋯⋯⋯⋯ 271
三、专刊报道 ⋯⋯⋯⋯⋯⋯⋯⋯⋯⋯⋯ 275
四、《玉帛之路》纪录片 ⋯⋯⋯⋯⋯⋯⋯ 277
五、样品采集 ⋯⋯⋯⋯⋯⋯⋯⋯⋯⋯⋯ 280
六、其他成果 ⋯⋯⋯⋯⋯⋯⋯⋯⋯⋯⋯ 280

第一章

玉石之路山西道
文化考察活动

2014年6月,"玉石之路山西道"实地调研计划由上海交通大学、中国社会科学院专家组成联合考察小组,于6月10—16日到晋北地区展开调研。"玉石之路山西道文化考察活动"是"玉帛之路系列文化考察"的第一次田野调查。考察团沿着大同—代县—忻州—太原—兴县—北京一线,考察了《穆天子传》中记载的周穆王前往昆仑山寻找西王母,也就是先秦时代"西玉东输"的路线。

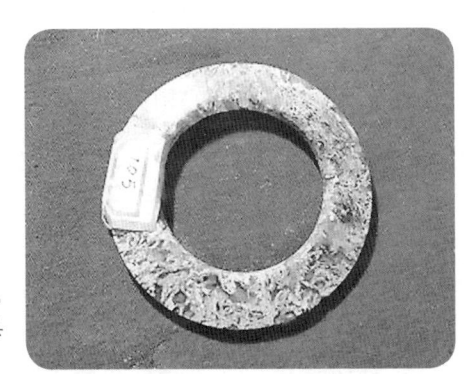

图1 代县出土战国玛瑙环,2014年6月摄于代县文管所

图2 公元前二十世纪"玉石之路"路线图

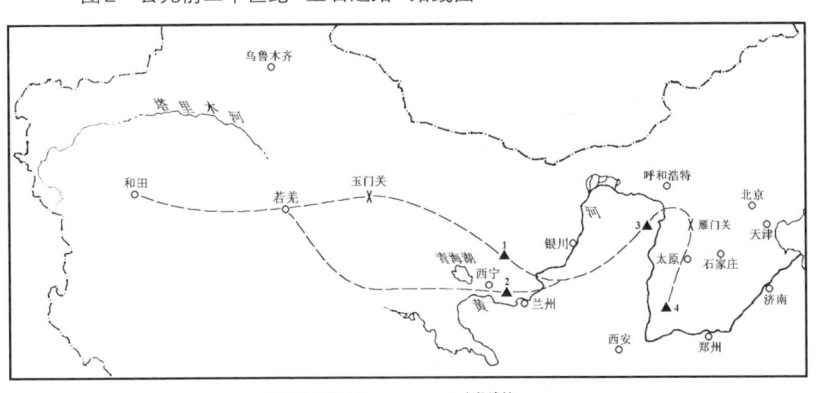

考察时间：2014年6月10—16日

考察人员：叶舒宪　上海交通大学致远讲席教授、中国社会科学院比较文学中心主任

　　　　　　易　华　中国社会科学院民族学与人类学研究所研究员

　　　　　　溯　源　山西省作协会员

　　　　　　杨继东　山西省代县雁门文化研究会负责人

　　　　　　马春生　山西省工商局纪检组

　　　　　　边树平　忻州市委宣传部常务副部长

　　　　　　郭银堂　忻州市文物管理处处长

　　　　　　谢尧亭　山西省考古研究所所长

　　　　　　薛新明　山西省考古研究所研究员

　　　　　　胡文高　陕西神木县龙山文化研究会会长

考察过程：大同—代县—忻州—太原—兴县—北京

　　6月10日夜，"玉石之路山西道"考察团中的叶舒宪教授、易华研究员由北京出发，次日晨6：55抵达山西北部城市大同，与大同方面的考察组成员汇合，调研大同盆地出土的史前文化遗址和文物情况，并对专门从事中国神话历史写作的山西省作协会员溯源进行学术访谈。

　　6月11日上午，考察团考察大同古城、辽代始建的善化寺、华严寺古建筑、佛像和壁画等。下午，考察团去了几个古玩城寻找文物线索，看到来自代县的西周至战国、汉代的玉璧、玉璜、玉管、玉圭等古玉器，也有明清时代的玉器。晚间，进行了考察组内部讨论和访谈。讨论由东道主溯源先生主讲他的神话历史研究和创作。他认为，山西是中国史前史和上古史的重要舞台，以晋北的胡汉交界和历史拉锯地区为军事、贸易、

交通的枢纽地区，即中原国家与北方游牧民族长期冲突与融合的文化熔炉地区，以晋南的运城盐池为早期王权必争的战略要地，以有"万里长城第一要塞"之誉的雁门关为咽喉，联通晋北、晋中和晋南，即连接、东北起中原王朝地区与北方和西北的多民族地区。就此而言，山西省在中国版图上承担着联通中原与北方的重要交通枢纽功能：北出雁门，向东北方向可以到大同、张家口和承德、赤峰以及东北三省；向西北方向可以直达内蒙古河套地区，并联通草原之路（所谓"丝绸之路草原道"，或"丝绸之路北线"），通向新疆和中亚地区。叶舒宪教授和易华研究员对此深表赞同。

6月12日清晨7：30，考察团告别溯源先生，与代县雁门文化研究会的负责人杨继东汇合一路南下，10：00到达雁门关，白草口村所在的镇和村的地方领导早已迎候在此。古雁门关即白草口村所在山谷路线，如今修筑起高速路，有近5公里的穿山隧道，将雁门山的天然屏障一跃而过；今雁门关是明代始

图3
山西省代县雁门关古道白草口（村），今日修筑的高速路穿山而过，叶舒宪摄

改道的新关口,在古雁门关以东,有保留较为完整的明长城,如今修建为著名旅游景点。

随后,考察团前往兴县小玉梁遗址考察。遗址位于兴县高家村镇碧村,站在小玉梁山眺望,可看见黄河对岸的陕西神木县。小玉梁遗址与石峁遗址分布于黄河东、西两岸,这一现象对于佐证"玉石之路"黄河水道的运输提供了充分证据。考察团在遗址采集到了龙山文化陶片,并在当地民间收藏家那里看到了疑似史前时代的玉器。

图4　山西兴县高家村镇碧村小玉梁山眺望黄河,河对面即陕西神木县

图5　山西兴县与黄河交汇的蔚汾河,龙山文化遗址所在地

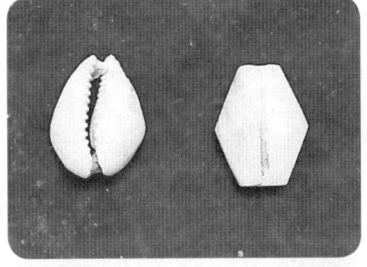

图6 碧村小玉梁山采集的龙山文化陶片
图7 碧村小玉梁山上的龙山文化古城墙遗迹
图8 兴县民间收藏的史前玉贝（待进一步鉴定）
图9 兴县民间收藏的史前玉器（待进一步鉴定）

第二章

"中国玉石之路与齐家文化"暨"玉帛之路文化考察活动"

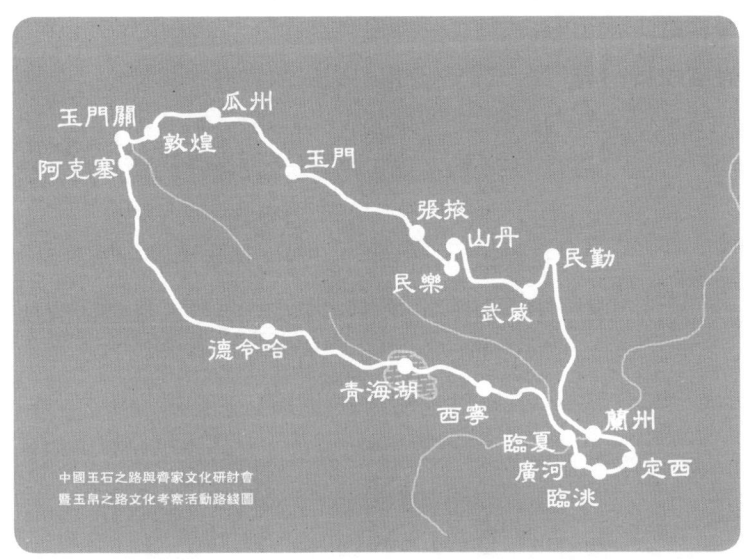

图10 "中国玉石之路与齐家文化研讨会"暨"玉帛之路文化考察活动"会旗

图11 玉帛之路文化考察团

考察时间： 2014年7月13—28日

考察成员： 郑欣淼　原文化部副部长、故宫博物院院长

卢法政　阿克苏地区人大主任

叶舒宪　上海交通大学致远讲席教授、中国社会科学院比较文学中心主任

叶茂林　中国社会科学院考古研究所研究员

易　华　中国社会科学院人类学与民族学研究所研究员

冯玉雷　丝绸之路杂志社社长、总编辑

刘学堂　新疆师范大学民族学与社会学学院副院长

方向军　苏州工艺美术学院、苏州大学教授

安　琪　复旦大学博士后

孙海芳　甘肃丝绸之路杂志社特约记者

徐永盛　武威电视台新闻部主任

冯旭文　武威电视台摄影师

何鸿德　武威电视台摄影师

军　政　人类学资料记录者、摄影助理

主办单位： 中共甘肃省委宣传部

甘肃省文物局

西北师范大学

中国文学人类学研究会

承办单位： 丝绸之路与华夏文明协同创新中心

西北师范大学甘肃丝绸之路杂志社

"中国玉石之路与齐家文化"暨"玉帛之路文化考察活动"是在"玉石之路雁门关道"调研的基础上进行的第二次"玉帛之路"文化考察活动。活动邀请了国内相关领域的专家学者

对河西走廊文化遗址进行了调研，重点对该区域内的齐家、四坝文化遗址进行了考察，梳理了前文字时代"玉石之路"在该地区的路线问题，并探讨了齐家文化与"玉石之路"的重要关系，取得了多方面的重要成果。活动以田野调查与论坛研讨相结合的形式展开。具体如下：

一 "中国玉石之路与齐家文化"暨"玉帛之路文化考察活动"启动仪式

与会人员：
连 辑	甘肃省委常委、宣传部部长
王嘉毅	甘肃省教育厅厅长
马玉萍	甘肃省文物局局长
刘 基	甘肃省人大科教文卫委员会副主任
刘仲奎	西北师范大学校长
丁虎生	西北师范大学副校长
赵逵夫	西北师范大学文学院教授、博导
叶舒宪	上海交通大学致远讲席教授、中国社会科学院比较文学中心主任
叶茂林	中国社会科学院考古研究所研究员
易 华	中国社会科学院人类学与民族学研究所研究员
刘学堂	新疆师范大学民族学与社会学学院副院长
方向军	苏州工艺美术学院、苏州大学教授
王裕昌	甘肃省博物馆党委书记
朗树德	甘肃省文物考古研究所研究员

张德芳　甘肃简牍博物馆馆长
梁兆光　西北师范大学校办主任
刘再聪　西北师范大学历史文化学院副院长
李树军　甘肃人民出版社社长
冯玉雷　丝绸之路杂志社社长、总编辑
安　琪　复旦大学博士后
孙海芳　甘肃丝绸之路杂志社特约记者
徐永盛　武威电视台新闻部主任
冯旭文　武威电视台摄影师
何鸿德　武威电视台摄影师
军　政　人类学资料记录者、摄影助理

图12　"中国玉石之路与齐家文化研讨会"暨"玉帛之路文化考察活动"启动仪式合影

图13 "中国玉石之路与齐家文化研讨会"暨"玉帛之路文化考察活动"启动仪式

图14 连辑部长向考察团授旗

7月13日上午9:00,"中国玉石之路与齐家文化研讨会"暨"玉帛之路文化考察活动"启动仪式在西北师范大学召开。西北师范大学校长刘仲奎教授主持本次会议,甘肃省委常委、宣传部连辑部长,甘肃省文物局马玉萍局长,甘肃省人大科教文卫委员会刘基副主任等领导在开幕式上作出重要讲话,赵逵夫、叶舒宪、叶茂林、易华等专家学者就"玉石之路"与齐家文化的关系进行了学术研讨。开幕式后,甘肃省委常委、宣传部连辑部长向"玉帛之路"考察团授旗。

在活动开幕式上,上海交大讲席教授叶舒宪先生率先致辞。他谈到丝绸之路在甘肃段的重要地位,并将丝绸之路时间段向前推移两千年,与学界研究近二十年的"玉石之路"相联系,以儒家文化"化干戈为玉帛"的精髓为内核,提出了"玉帛之路"考察的重要意义。

中共甘肃省委常委、宣传部连辑部长指出,丝绸之路经济带的建设需要生动的学术研究做理论支撑,从学术角度将碎

图15 西北师范大学刘仲校长主持启动仪式

片化、基因化的文化源头用科学的手段重新挖掘。此外，连辑强调以要玉文化为课题，填补甘肃作为华夏文明创新区的空白，中华文明长久的文化价值体现在玉石这一灵魂性的基因上。连辑对此次玉帛之路田野考察活动给予了肯定，提出将理论与考古、挖掘相结合，文字研究与实地考察、现场走访相结合的建议，发挥甘肃考察遗址分布密集的优势，增强学术研究的现场感，将玉石文化研究长期、常态化进行下去。

甘肃省人大科教文卫委员会刘基副主任说，在甘肃举办"丝绸之路"与"玉石之路"研讨会具有得天独厚的地理位置与文化条件，华夏文明的"DNA"存在于影响至今的玉文化中，甘肃齐家坪等新石器时代文化遗址遗存广泛，实地考察意义重大。

现将与会领导、专家学者的讲话、发言收录如下：

连辑部长在"中国玉石之路与齐家文化研讨会"暨"玉帛之路文化考察活动"启动仪式上的讲话

今天的会议是我到甘肃工作以后参加的最有特色的会议，很高兴能有这次机会与各位学者进行交流。刚才听了各位专家学者发言，很受启发。借此机会，我表达几点想法。

一、丝绸之路经济带的建设需要更深厚的学术研究做理论支撑。

从文化的角度讲丝绸之路，一般会从佛教说起，即所谓"西佛东渐"。佛教文化影响了从东到西早期的一些王朝，包括北魏等少数民族以及后来的大汉王朝等。佛教文化千姿百态，其核心文化内涵仍然是"和"，"放下屠刀，立地成佛"就是这个含义。

图16 甘肃省委宣传部连辑部长致辞

今天会议主题中的玉文化也有一个传承的过程。叶舒宪老师的文章中提到,历史上更早或比佛教文化还早的是西玉东输,此后是西佛东渐。西玉东输到内地这个过程,物质化的是玉,精神化了的是文化,文化的内核仍然是"和"。正所谓"化干戈为玉帛"。因此,丝绸之路的文化精神,概括为一个字,就是"和"。这是自古以来就有的文化,又是一个到目前为止仍然活态传承着的文化,这一点非常不容易。当然,它与其他事物发展规律是一样的。比如敦煌,经过嬗变,其活态传承到了洛阳、内地,有的在唐蕃古道形成后,与藏传佛教又有融合,藏传佛教现在也是活态的。西玉东输的过程也是如此,现在真正活态着的、物化着的玉的文化表达多数不在产地,这些地方现在已经成为被封存的文化遗产。目前,我们需要解决的问题是,要以考古学为基础,在学术上把这些离我们很远的,已经"碎片化""隐形化""基因化"的文化源头用现代科技手段和研究方法重新挖掘出来，使得历史和现在能够一脉相承地衔接下来，并表达清楚，这是我们需要做的工作。华夏文明保护传承创新区建设以来，我们侧重于包括佛教文化在内的其他早期文化的挖掘、整理、研究，概括起来就是两个字——传承。甘肃是华夏文明发祥地之一，如果我们再不搞这些基因化的东西，它们可能就会离我们越发久远，再过几代也许会失传。可喜的是，今天由甘肃丝绸之路杂志社、西北师范大学组织承办玉文化研讨会，汇聚了叶舒宪、赵逵夫、叶茂林等一批专家，专题研究"玉石之路"和齐家文化（也以玉为核心）。这是一件很有眼光的事。也许今天参与研究的人数不多，但可能会载入史册。

二、把玉文化作为重要课题，填补华夏文明传承创新区内容建设的空白。

现在，提到马家窑文化却跳开齐家玉文化，这是有问题的。马家窑可以上溯到4000～5000年，大地湾彩陶可以上溯到8000年左右，但在此过程中，范围更大的、对文化研究影响更久远的，在中国的文化内核中所坚守的最核心的文化价值在"玉"，而不在"陶"。如果丢了"玉"，就把灵魂性的东西遗失了。在此之前，这一部分研究有所忽略、重视不够。本次会议和考察活动弥补了这个缺憾，强化了这个课题的研究，让华夏文明传承创新区的内容建设、理论研究、学术探讨更加丰富多彩、更加全面。所以，我们对大家寄予厚望。

三、要按照活动设计，把理论研究、考古发掘、实地考察结合起来，通过现场走访、田野调查，将存在争议的话题搞得更清楚，更成体系。

在甘肃做学问，可能最大的优势就是有现场。坐在深宅大

图17 玉帛之路考察团与连辑部长合影

院里、高楼大厦里,好多问题是解决不了的。光靠读书只能够解决一些知识、信息或者提示性的问题,做玉文化的学问就应该到现场去。本次活动就开了一个好头。要协调各地,解决好专家的考察保障问题,提供条件,提供方便,把当地和玉文化相关的资料、信息、素材开放性地提供给专家们,让他们对当地文化、历史情况有更多的了解。建议多留存一些考察资料,如果可能,做一档玉文化电视栏目,除了传播知识,还可以挖掘其社会意义。社会主义核心价值观第一句话中就有文明和谐,玉文化在某种程度上就契合了文明和谐。

此外,玉文化研究要形成气候,一定要有相对稳定的学术团队,确保研究工作的专业性和连续性。我们省可以考虑成立玉文化研究的专门学术机构,定期举办学术活动,长期坚持下去,使之制度化、常态化。我建议你们把玉文化研究基地放在甘肃。

预祝这次活动圆满成功,谢谢大家!

刘基副主任在"中国玉石之路与齐家文化研讨会"暨"玉帛之路文化考察活动"启动仪式上的致辞

为进一步挖掘和弘扬华夏文明,探索和分享玉石文化与丝绸之路研究成果,不断服务甘肃华夏文明传承创新区和丝绸之路经济带建设,今天,我们在这里举办由甘肃省委宣传部、甘肃省文物局、中国文学人类学研究会、西北师范大学联合主办的"中国玉石之路与齐家文化研讨会"暨"玉帛之路文化考察活动"启动仪式。在此,我代表西北师范大学对活动的举办表示热烈祝贺,对各位领导、专家长期以来对西北师范大学的关心和支持表示诚挚的谢意!

图18 甘肃省人大科教文卫委员会刘基副主任讲话

西北师范大学是一所办学历史悠久、文化底蕴厚重的学府。在100多年的办学历程中，学校始终坚守大学的本质，紧跟时代的步伐，积淀了宝贵的精神传统，形成了鲜明的办学特色。特别是近年来，学校根据甘肃及西北地区经济社会发展的现实需求，充分依托相关特色专业和优势学科，紧紧依靠专家学者，整合各方优势资源，先后成立了甘肃文化发展研究院、甘肃旅游发展研究院、丝绸之路与华夏文明协同创新中心等重要学术平台，为华夏文明的探寻与研究提供了有力的理论支撑与人才支持，产出了一批优秀的研究成果。在此过程中，甘肃丝绸之路杂志社出版传媒有限公司紧抓机遇，主动作为，联合多家单位，致力于丝绸之路文化的专题研究，为不断扩大华夏文明与丝绸之路的吸引力与影响力做出了重要学术贡献。

众所周知，中国是爱玉之国、崇玉之邦。发源于新石器时代早期而绵延至今的玉文化是中国文化有别于世界其他文明的显著特点。玉文化包含着"宁为玉碎"的爱国民族气节、"化为玉帛"的团结友爱风尚、"润泽以温"的无私奉献品德。从古代《穆天子传》中关于周穆王西巡游猎开启"玉石之路"的记载，到汉武帝设置玉门关，再到甘肃、青海地区齐家文化等其他史前文化遗址出土的和田玉器，这一页页历史记录、一件件文物玉器，一遍遍诉说着"玉石之路"历史的久远与厚重。也正是经过"玉石之路"的拓展，才有了后来闻名世界的"丝绸之路"。

今天，我们选择在位于丝绸之路黄金段的甘肃举办"中国玉石之路与齐家文化研讨会"暨"玉帛之路文化考察活动"启动仪式，是有着得天独厚的条件和特别的意义。甘肃作为中原连接西北乃至中西亚的咽喉和纽带，自古以来就有拱卫中原、护翼宁青、保疆援藏的战略地位和独特的文化通道区位优势，是璀璨夺目的华夏文明源头地区之一。千百年来，中华民族的文化血脉沿着丝绸之路这条闻名于世的文化线路而搏动，而甘肃则是这一文化线路中极其重要的一段。前不久，随着丝绸之路文化跨国申遗成功，甘肃世界文化遗产地总数升至七处，这又一次提升了甘肃作为中华民族重要文化资源宝库的历史和现实价值。近年来，在座的各位专家也通过对大量文献资料的研究和田野考察，发现了玉文化对华夏文明的重大意义和历史贡献。尤其是得名于甘肃广河县齐家坪遗址的齐家文化，更是如此。

此次研讨会，就为大家提供了一个交流、研讨华夏文明、玉石及丝路文化的平台，共同探讨发生在"玉石之路""丝绸之路"上的点点滴滴。"玉帛之路文化考察活动"也是大家走出书斋、考察齐家文化遗址的一次再发现之旅。"水尝无华，相荡乃成涟漪；石本无火，相撞而发灵光。"希望各位专家扬己之长，凝聚智慧，在收获学术成果的同时，共同来推动玉石与丝路文化的发展，为甘肃华夏文明传承创新区和丝绸之路经济带建设奉献才智。

马玉萍局长在"中国玉石之路与齐家文化研讨会"暨"玉帛之路文化考察活动"启动仪式上的讲话

"中国玉石之路与齐家文化研讨会"暨"玉帛之路文化考察活动"的举办对于进一步弘扬丝绸之路价值内涵，深入推进华夏文明传承创新区和丝绸之路甘肃黄金通道的建设具有重要的意义。作为主办单位之一，我代表甘肃省文物局对活动的顺利举行表示热烈祝贺，对各位来宾和专家的到来表示热烈

图19 甘肃省文物局马玉萍局长致辞

欢迎。古丝绸之路是一条沟通中外、互通有无的共同发展繁荣之路。我国是丝绸的故乡,玉文化则是中国文明有别于世界其他文明的显著特点。丝绸与玉石的贸易是推动丝绸之路经久不衰的重要因素。甘肃作为中华民族重要的文化宝库,在磨制玉器基础上发展起来的制玉业和玉文化历来是华夏文明的厚重底蕴、文化基因与重要的组成部分。根据考古发现,甘肃各时代史前文化类型中几乎都有玉石遗存,经过长期孕育,终于在齐家文化中迸发出绚烂光彩,成为与红山、良渚、龙山文化并驾齐驱的史前玉文化高峰。从目前考古发现来看,以齐家文化为代表的甘肃早期玉文化具有质朴、厚重的文化特点,有独立的起源、加工和发展体系,但在发展过程中也利用了所处的地理位置优势。甘肃玉文化充分吸收中华文化的养分,产生了更多的艺术精品,进一步丰富了中国玉文化的价值内涵,从而使"玉石之路"最终汇流于"丝绸之路"形成"玉帛之路",丰富、扩展了丝绸之路作为多重属性文化线路的价值内涵,古丝绸之路也是一条多种文明相互交融借鉴的共同进步之路。值得我们自豪的是甘肃既是玉文化的发源地,又是丝绸之路的黄金通道。今天,我们建设"一路一带"既要继承发扬古丝绸之路的传统文化底蕴,又要与时俱进、开拓创新,共同创造新的辉煌。

就文化遗产的保护和利用两大重点工作而言,都离不开各位专家学者的深入研究、各方面力量的全面参与和全社会的关心支持。随着丝绸之路申遗成功,世界的目光又一次聚焦于这片热土。唯愿以此次研讨会和考察活动为契机,进一步推动政府、民间、专家学者和社会各界共同携手,协力做好相关保护、研究与传承、创新工作,使华夏文明与丝绸之路文化竞相争辉,在新的历史时期更加发扬光大。最后,预祝研讨会的考察活动取得圆满成功,预祝各位专家学者考察顺利,身体健康。谢谢大家!

叶舒宪教授在"中国玉石之路与齐家文化研讨会"暨"玉帛之路文化考察活动"启动仪式上的讲话

很荣幸再次来到兰州,出席"中国玉石之路与齐家文化研讨会"暨"玉帛之路文化考察活动"启动仪式。齐家文化是甘青宁三省区距今4 100年到3 600年持续500年之久的广大范围的史前文化。新中国成立60年来,齐家文化的研究相对比较冷落,齐家文化的研究专著还一本都没有,市面上有一些收藏、爱好齐家玉器的,但是良莠不齐,齐家文化的重要意义主要是它作为丝绸之路的前身向中原传播玉石资料。和田玉是从周穆王开始历代统治者最看重的战略资源,新疆玉石进中

图20　叶舒宪教授致辞

原必经之路是河西走廊。齐家文化在时间空间上和我们所寻找的夏商周王朝中的第一王朝夏关系非常密切,研究者们在中原寻找夏都60年,一般认为二里头是夏代都城,但是夏商周断代工程重新断了年代以后,河南洛阳的偃师二里头遗址距今是3 750年,这离夏的开端还有300多年的差距,夏文化的来源从文献上说有"大禹出西羌""大禹治水"积石山。因为寻找中华文明最关键的朝代没有文字,主要靠物证,齐家文化从青海喇家遗址到整个甘肃地区形成了一个几百年的玉文化的繁荣,随后就是商周,就是华夏文明的主线,这一方面的研究我们觉得非常重要。所以,总体来说,对夏文化的来源学界还存在异议,寻找夏的存在主要靠物证。此次在西北师范大学的领导、甘肃丝绸之路杂志社的联络组织下顺利召开本次学术会,这应该是中国有史以来第一次以齐家文化为题的学术研讨会,同时,接下来有几千公里的文化考察行程,主要考察齐家文化和更早的马家窑文化的遗址，如此，我们能把中国学者提出了将近二三十年的"玉石之路"的命题落实到河西走廊的大地上，这对于弘扬丝绸之路文化资源实际上是找到了更深厚的一条根脉。从新疆往西到阿富汗、中亚、西亚，那边也有"玉石之路"，国际学者已经出了相当多的著作，这条"玉石之路"主要是运阿富汗产的青金石，向埃及和苏美尔、巴比伦和希腊运输，如此说来，前丝绸之路就是运玉石的。

中国古代向来把丝绸和玉石并称叫作"玉帛"，过去我们学文学的人把周穆王出访的故事当作小说来看，现在看来这不是小说。周穆王走的路线是从长安过洛阳、过黄河、走山西、过雁门关，其主要绕着黄河走。上个月我们刚去了山西考察，那边的"玉石之路"的资料也是相对比较完整的。周穆王流传至今的一个价值理念就是"化干戈为玉帛"，从中原走到新疆，也有人说在中亚、西亚。3000年之际，多少民族，甚至多少不同的外族在河西走廊一带，靠什么走完这条路，然后把大量的玉石运到中原，一看细节就明白了，周穆王只要玉石，而外族要黄金、丝绸、马匹等中原的宝贝，如此看来，古代的民族问题非常明确，也就是华夏提炼出的"玉帛"所代表的精神，即"化干戈"，不打仗，所以中华版图从东海之滨到新疆昆仑山将近4 000公里如此之大的文明的形成，现在看来主要是因为最高统治者对玉石的追求。"化干戈为玉帛"的精神后来经过儒家的传扬对我们今天的民族团结是非常宝贵的一种精神资源，所以在习近平总书记提出重建"丝绸之路经济带"的背景下，把甘肃的齐家文化和它所代表的联通西部和中原文明的文化传播作用以及"化干戈为玉帛"的精神，放置在今天这个地球村的时代处理国际事务，也就应合了习主席所说的我们中华民族没有称霸的基因，同时也正是我们古老的文明中所保留地,并一代代传承、崇尚的"和"的精神。我预祝本次研讨会以及考察活动顺利成功,也祝各位身体健康。谢谢!

赵逵夫教授在"中国玉石之路与齐家文化研讨会"暨"玉帛之路文化考察活动"启动仪式上的讲话

老一辈历史学家考察的结果显示,齐家文化的时间跨度是从公元前2000年开始到公元前1900年,正好和夏文化、夏朝的产生时间吻合,而且齐家文化当中也发现了大量的铜器、玉器,当然玉佩、玉玦这些东西发现的时间要更早,有的要早到距今七八千年前,时间是很早的,但是齐家文化的文化带大致上从河西、永靖,一直到天水的几个点,像是周文化等,与丝绸之路基本上是吻合的。过去很多学者以及在这方面有所建树

图21 西北师范大学赵逵夫教授讲话

的专家都认为"丝绸之路"始于汉武帝,西北师范大学成立的"先秦文学与文化研究中心"自成立时就提出了关于丝绸之路的重要研究内容,重点研究的是早期丝绸之路。实际上在先秦时代,丝绸之路早就开启了,其运送的东西主要是丝绸,另外还有玉石。

"玉门关"众所周知,但是"玉门关"为何叫"玉门"却鲜有人知。"玉"主要指和田玉,通过玉门关到中原,所以"玉门"这个地名本身就显示了玉石在东西文化交流中的运用。我们说的丝绸之路的丝绸主要是华夏的这些地方向西,而玉石是由西向东运送的,这种双向的交流过程正体现了中华民族在很早的时候就同西域各个国家进行文化的交流。当然,早期阶段是侧重于玉,晚期阶段是侧重于石,丝绸的交流稍微要晚一些,但是丝和玉的交流延续的时间是很久的,所以将丝绸之路和齐家文化联系起来研究,我认为是很有意义的。关于河西的一些地方,究竟当时的中原王朝对之了解多少,很多学者不太清楚,认为时间很迟。实际上,《山海经》就已经提到一个地名叫"敦薨",这个"敦薨"据学者们的研究实际上就是敦煌,因此敦煌产生的时间也是很久的。另外,《山海经》的"山经"当中总共提到产玉的地方是133处,大部分是在西部,中部一带也有,相当一部分地方是分布在甘肃、青海以及向东丝绸之路的这条路线上。我们一般认为丝绸之路是一条单线,但实际上,它并不是一条单线,也有南路、北路,路线很多,比如泾川就有一个地名,古代称为"玉之都",玉石的都城,那里还有个"玉都园","玉都园"上最早还有个"玉都娘娘庙",这些都是我们以前研究甘肃文化不够的地方。这个"玉都"有可能是玉重点交易的场所,所以我认为联系齐家文化来挖掘丝绸之路上还存在的其他很多文化现象是很有意义的,也证明了甘肃作为华夏文明传承创新基地的重要意义。秦人发祥于陇南，周人发祥于陇东，周文化影响中国文化4 000多年，秦国的政体影响中国的政体2 000多年，都是意义很大的，所以我感到甘肃丝绸之路杂志社今天和有关的部门联合召开这样的会是很有意义的，希望这一次考察成功，并取得重大突破，谢谢大家！

易华研究员在"中国玉石之路与齐家文化研讨会"暨"玉帛之路文化考察活动"启动仪式上的发言

最近几年我一直在研究齐家文化与华夏文化的关系，刚才叶老师已经强调了齐家文化可能是夏文化，关键是如何鉴别的问题，我想从齐家文化与二里头文化的比较研究来进行鉴别，这是总体的思路。我大概讲六个问题，包括齐家文化的时空分布问题、齐家文化的主要内容，包括4个方面：农业、畜牧业、社会关系、卜骨决策方式。

青铜文化的研究有一个大的趋势，就是大概4 000年以前，就有马和马车了。齐家文化的时空分布以甘宁青为核心，新疆和陕西也有分布，集中在黄河上游地区，时间正好是和夏朝相关的。

从齐家文化开始，我们的五种粮食作物就已经有了交流，5 000年以前，小米就已经从中亚传到了欧洲，小麦在4 000年的时候从西亚传播到了中亚，在4 000年以前，植物都已经传播的很频繁了，中国新石器文化时期的动物只有猪、狗、鸡，从齐家文化开始增加了牛、马、羊。

社会关系方面，男尊女卑的思想观念是从齐家文化时代开始确立的，比齐家文化更早的新石器时代的文化里面，男女相对来说是平等的。但是大量齐家文化墓葬中的发现显示齐家文化

图22 中国社科院人类学与民族学研究所易华研究员发言

中男女是不平等的,有一男二女似的墓葬,如果男女合葬的话,女的是侧向于男的,这反映出的明显的男女不平等的观念。

卜骨决策方面,用牛羊的肩胛骨来占卜,这种方式在齐家文化中很普遍。

下面我们讨论一下齐家文化和二里头文化的关系,两者之间有相同点,就是刚才所讲的,他们的不同在于,齐家文化比二里头文化早了200年。我们认为中原二里头文化是在龙山文化的基础上吸收了齐家文化而形成的一个大格局,就是东方在龙山文化的基础上吸收了齐家文化的因素,形成了所谓的中原文化,也就是二里头文化的同质性,从考古学来讲,二里头文化的陶器和齐家文化的陶器是不一样的,从上述的五个方面来说是相同的,这样就能鉴别他们之间的同质性,而考古学上来讲,我们注意的是差异,两者之间相同的地方是交流产生的。讲到"玉石之路",其交流的媒介不仅包括玉石,还有其他方面。

下面我们就鉴别齐家文化是夏的问题。历史上，绵羊的羊被称为"夏羊"，夏号是皇，"皇"也是有记载的，夏和大夏河的问题，大禹治水和积石山的关系，元昊的西夏和赫连勃勃的大夏的分布区跟齐家文化的分布区是重叠的，元昊和赫连勃勃都认为其祖先是大禹，是皇帝，他们追认其发源地在这一代，这样的话，西夏就是和大夏以及夏商周中的夏是一脉相承的，三者之间是有联系的，其文化性质是相连的，地域是相通的，文化精神是一致的，这样我们就能得出一个结论：齐家文化是华夏文化最主要的一个源头。

叶茂林研究员在"中国玉石之路与齐家文化研讨会"暨"玉帛之路文化考察活动"启动仪式上的发言

在今天的会上，我希望提起一个能够引发大家来争论的课题，"玉石之路"与齐家文化的关系的讨论方面存在的问题不太大，在甘青地区一定要涉及齐家文化，而且从考古学的源头来说，我们这里的仰韶文化就发现有玉器，但是这些玉器不是后来我们说的玉器的概念。早期的玉器是装饰品，有些小工具，在大地湾有这方面的出土发现，后来的齐家文化中发现了大量的玉礼器，这个礼器才是我们研究玉器文化的核心，也就是我们有一个很重要的玉文化的认同。我要提出的问题是，我们一直在说"玉石之路"是"丝绸之路"的前身，从某个角度来说这没有错，从路线方面来说都是存在的，但如果我们仔细考虑，这是不同的，而且非常不同，"玉石之路"研究的最终结论是中国的认同。目前，我们在玉器研究方面拥有非常庞大的队伍，而且分出了不同的档次，涉及的面很广，全国很多地方都出土了很多不同的玉器，研究者们对这些玉器的认识各不

图23　中国社科院考古研究所叶茂林研究员发言

相同，就拿玉璧来说就有很多不同的看法，但不管他是什么样的看法，所有的考古学家、研究者一致认同的是它实质上是一种形而上的东西、观念的东西。尽管在具体的用途上存在有不同的方式，但是如果没有很多很完整的考古现场的发掘，而且某一处的考古发现也很难去解释别处的考古发现，所以说存在着相当大的不可知性，产生了很多的争论，不能以某一个现象来取代其他的，但是不管怎么争论，我们会发现玉文化、"玉石之路"连接了中国文化最核心的东西。实际上，根据玉文化的传播形成的"玉石之路"最终走向中华的认同，这种表面上看来很虚的东西实质上非常实。去年我做了一篇有关"玉石之路"的文章，如果大家感兴趣，可以看一看，我在文章中提出"玉石之路"和"丝绸之路"是两个不同的概念，非常不同，但是我没有展开，在今天的会议上，在各位学者面前我将这个问题提出来希望大家能思考一下，然后我们形成一个争论，将我们的学术气氛真正地搞得浓厚起来。我的那篇文章题目是《从玉璧到国徽》，将我们现在的国家政治都联系起来，林徽因先生设计的国徽图案就是来源于玉璧，叫作瑗，不管是瑗也好，璧也好，环也好，甚至包括我们的三璜合璧，不管璜是几块，最后说明的是璧，这个璧是非常特殊的一个东西。我的演讲就到这里，我将这个争论提出来，希望大家能讨论下去。

■ "玉帛之路文化考察活动"

2014年7月14—28日，"玉帛之路文化考察团"由兰州出发，一路向西，途经民勤、武威、山丹、民乐、张掖、高台、玉门、瓜州等地，行程4 210公里，考察了19个遗址，参观了21个博物馆，召开三次考察座谈会，主要围绕齐家文化遗址，对民勤三角城、沙井子柳湖墩、罗什塔、山丹峡口古城、四坝遗址、民乐东灰山、西灰山遗址、西城驿遗址、高台地埂坡遗址、玉门火烧沟遗址等史前文明遗址进行了深入细致地考察，获得了许多重要的实地考察发现及学术研究成果。

考察过程：

7月13日下午2：30，考斯特中巴载着考察团一行缓缓驶出西北师范大学，经过2个半小时的行程，在安门下高速走国道312上乌鞘岭。乌鞘岭，藏语叫"哈香日"，意思是和尚岭，属于祁连山冷龙岭的分支，东西长17公里，南北宽10公里，主峰海拔3 562米，年均气温零下2.2℃，气温变化无常。自古以来，乌鞘岭为河西走廊的门户和咽喉，古丝绸之路要冲，汉、明长城均在此相会，历来为兵家必争之地，地理位置十分重要。

下乌鞘岭穿过古浪峡上高速抵武威,考察团不做停留直奔民勤县,经过6个多小时,350多公里后,晚上20:45,考察团到达民勤宾馆。用餐后,考察团商定了次日的考察路线。

7月14日早8:00,考察团前往民勤三角城遗址考察。三角城位于县城东北红沙梁乡10公里的沙丘中,西南径距县城55公里,有15公里属于乡间公路,车辆往沙丘里行走8公里左右,就不能前行了,大家下车步行前往,脚下能够发现散落的陶片,特别在三角城东北,陶片更加集中。三角城南北宽约120米,东西长约200米,台高8.5米。离开三角城遗址,考察团直接前往民勤县博物馆参观,博物馆展品丰富,以介绍沙井文化为主。下午,考察团前往沙井柳湖墩遗址考察。沙井柳湖墩遗址位于薛百乡长城村西3公里处的沙漠中,以柳湖墩土堆为中心,向四周延伸2公里为其保护范围。遗址四周都是沙丘,偶尔能够找到零落的陶片。离开沙井柳湖墩遗址,考察团一

图24 2014年7月14日上午,考察团在民勤县三角城遗址

图25 2014年7月14日下午,考察团在民勤县沙井柳湖墩遗址

行没做过多停留,直接返回武威,参观雷台汉墓、鸠摩罗什塔。

7月15日早8:00,考察团首先参观了武威市博物馆、文庙,然后前往武威黄娘娘台遗址考察。遗址已被建筑垃圾掩埋不复存在,易华研究员专门撰文《救救黄娘娘台》一文,引发高度关注。随后,考察团赴山丹考察四坝文化遗址。在车上,冯玉雷社长主持召开了第一次研讨会,安琪博士、易华教授、叶舒宪教授就所研究领域先后发表了自己的看法。前往山丹途中,学者们首先到达山丹县老军乡峡口村。古城堡东西长400多米,南北宽300米,呈长方形,加上西边外城总面积有19万平方公里。古城开东西二门,如今依旧可看到原来城门的遗迹。上海交大博士后安琪与新疆师范大学刘学堂教授采访了当地两位老人,进行了接地气地人类学调查。下午,考察团参观了山丹博物馆,并奔赴山丹河(古弱水)西南岸至川

图26　2014年7月15日,考察团成员在武威皇娘娘台遗址怅然张望

图27　2014年7月15日黄昏,考察团走在山丹四坝滩遗址上

口东岸的四坝滩考察此地四坝文化遗址。山丹博物馆藏有约5 000件文物，大部分由路易·艾黎捐赠，学者们都一致认为，这虽然是一座县级博物馆，但是馆藏精品较多，值得研究。上海交大叶舒宪教授说，最好能住下来，认认真真地对这些极具文化价值的文物做细致的研究。在一幅庞大细致的清政府地图中，学者们找到了文献中记载的生涩地名，受益匪浅。四坝遗址位于山丹县城南5公里四坝滩沙河东岸的高台地上，占地面积20万平方米，文化堆积层厚0.6～3.0米。离开四坝遗址回到县城后，考察团与当地文广局同志交流了考察心得。

　　7月16日，考察团行至张掖民乐，考察了民乐县史前四坝文化遗址——东灰山、西灰山。东灰山遗址是由灰土与沙土堆积而成的沙土丘，被当地人称为"灰山子"。遗址高出地表5～6米，面积约为24万平方公里，是继玉门火烧沟遗址之后又一较大规模的四坝文化遗址，这里发掘的小麦是我国发现

图28　2014年7月16日，骄阳似火，考察团在西灰山上合影留念

图29 2014年7月16日，考察团成员在炎热的上午走向民乐东灰山遗址

时代最早的农作物品种，为研究我国小麦的起源提供了实物资料。考察团离开东灰山后，直接前往民乐县博物馆参观，参观毕，直接上扁都口，考察石佛岩画。午餐后，考察团前往西灰山遗址考察，遗址地表遍布夹砂红陶片、彩陶片及各类打磨制石器。专家将散布地表的陶片石器与东灰山、四坝滩的进行比较，并对文化层仔细观察，叶舒宪教授在遍地的红陶残片中，找到几片马厂文化的陶片。离开西灰山，考察团直奔张掖，与当地文博系统相关工作人员交流考察收获。

7月17日8:00，考察团乘车前往张掖大佛寺考察，张掖市电视台也随行采访。后考察团从张掖市出发，驱车奔赴高台县，途中到达黑水国史前遗址。黑水国遗址，俗称老甘州，距张掖市区17公里，遗址保护区16平方公里，距今有4 000年的历史。时值正午，甘肃省考古所陈国科老师正带领队员对遗址进行清理工作，来自山东大学、西北师范大学的考古专业学生也参与其中清理堆积层。据考古队员介绍，此次发掘获得了黑水国遗址较为完整的具有叠压关系的地层，并发现了绿松石、玛瑙、水晶、珍珠、蚌壳以及玉器、玉料等。

午饭后，考察团参观高台县文物陈列馆，并在所在酒店的会议室召开"玉帛之路文化考察活动"张掖段考察座谈会。

座谈会由县文广局局长盛兴荣主持，考察团成员和地方文化工作者共三十多人参加。叶舒宪教授首先发言，向在座的当地负责人、媒体重申了此次"玉帛之路"考察的重要意义，讲明研究"玉石之路"对发展"丝绸之路经济带"具有理论的支撑作用。中国社科院研究员易华先生结合自己研究的课题——夏文化的寻根探源，讲述了此次田野考察对自己的启发，他说，此次考察，提前了他结题的时间，开启了新的学术思想，拓展了他的研究领域。丝绸之路杂志社社长冯玉雷主编是此次"玉石之路与齐家文化研讨会"暨"玉帛之路考察活动"的主持者和推动者，他强调，考察虽然艰苦，但是对于甘肃河西走廊文化链条的衔接与推动，意义重大。他表示，要将这样具有实际意义的文化活动制度化、常态化，进一步发挥学术研究的引领作用。刘学堂教授是考古出身，曾长期参与多项新疆地区的考古研究，他在发言中讲到，河西走廊作为中原文明与西域文化的交流点，存在许多值得研究的内容，四坝文化与马家窑文化、齐家文化一脉相承，地方文化应放置于大的文化气场之中，这样的考察即是交流之路、探源之路，更是文化复兴之路。四川大学博士、复旦大学博士后安琪老师，现就职于上海交大，她结合自己研究的西南少数民族文化的课题，讲述了自己在考察中的感悟与收获。

会后，已是下午17：00，考察团在当地文化工作者的带领下，前往距县城约60公里的地埂坡汉墓考察。墓中现存的壁

图30 2014年7月17日,考察团在黑水国遗址挖掘现场同工作人员交谈

图31 2014年7月17日,考察团在张掖黑水国遗址挖掘现场

画，显示了当时此地的社会风貌，因客观原因与考古规定，考察团未能亲历墓室内考察。

7月18日，考察团从高台出发上高速直奔玉门，考察火烧沟遗址。火烧沟遗址位于玉门市清泉乡清泉村，当地在建学校地基时发现了大量史前文物，如今的清泉小学就建在火烧沟遗址上。火烧沟遗址因其文化类型独特，被称为"火烧沟文化"，是四坝文化的典型代表。随后，当地工作人员带考察团一行参观了铁人王进喜纪念馆、火烧沟文物博物馆。离开玉门，考察团前往瓜州，瓜州县博物馆是考察团在瓜州考察的第一站，文物展按照时间段来分主要是青铜时代、秦汉魏晋时期、隋唐五代、宋（西夏）、元、明、清以及石窟艺术。

图32　2014年7月18日，考察团在玉门火烧沟遗址（如今这里是清泉小学校址所在地）

图33　2014年7月19日，考察团徒步穿越沙漠，寻找兔葫芦遗址

7月19日，考察团前往兔葫芦遗址考察。遗址面积很大，走到中心地带需要穿越好几座沙丘，经过一片戈壁滩和红柳林。考察团步行2个多小时，近12公里才到达遗址所在地，还在途中发现了几处窑遗址和很多加工玉器的废料。

7月20日，考察团兵分两路。一路前往敦煌飞机场接原文化部副部长、故宫博物院院长郑欣淼先生；另一路应瓜州文物局局长、瓜州博物馆馆长李宏伟先生之邀，前往县城附近的玉料产地进行实地考察。晚饭时，武威广播电视台新闻综合频道总监徐永盛因单位有事，提前离队。

7月21日上午9∶00，考察团在瓜州博物馆召开"玉帛之路国际文化考察活动"瓜州段考察座谈会，会议由丝绸之路杂志社冯玉雷社长主持。考察团将在瓜州县内遗址所得文物转交给瓜州博物馆，然后交流考察心得和文化见解。

图34 2014年7月20日，考察团成员郑欣淼、卢法政、安琪、军政与敦煌研究院院长樊锦诗在敦煌

图35 2014年7月20日，考察团在瓜州大头山

图36 2014年7月21日,考察团在瓜州召开座谈会,总结阶段性成果

与会人员: 郑欣淼　原文化部副部长、故宫博物院院长
卢法政　阿克苏地区人大主任
刘军德　瓜州县副县长
李宏伟　瓜州文物局局长、博物馆馆长
叶舒宪　上海交通大学致远讲席教授、中国社会科学院比较文学中心主任
易　华　中国社会科学院人类学与民族学研究所研究员
冯玉雷　丝绸之路杂志社社长、总编辑
刘学堂　新疆师范大学民族学与社会学学院副院长
安　琪　复旦大学博士后
孙海芳　丝绸之路杂志社特约记者

徐永盛　武威电视台新闻部主任
冯旭文　武威电视台摄影师
何鸿德　武威电视台摄影师
军　政　人类学资料记录者、摄影助理
瓜州县地方文化工作者
参加社会实践的兰州大学学生

现将与会代表发言收录如下：

瓜州文物局局长、博物馆馆长李宏伟在座谈会上的讲话

　　首先，以冯教授为主的专家学者将"中国玉石之路和齐家文化研讨会"的会场及现场考察设立在瓜州，我对此表示深深地感谢。此次学术研讨会的专家成员包括了文化部原副部长、故宫博物院院长，这是我参加工作以来所参与的最高规格的研讨会。同时，也对郑院长以及各位专家、学者的到来表示衷心的感谢，也对今天有幸参加兰大"文化行者考察团"的学子们的到来表示感谢。

　　今天，我借此机会将瓜州文物的基本情况向各位做一汇报。瓜州县地处河西走廊的西端，这里既是草圣张芝的故乡，也是玄奘大师取经的必经之路，更是中西文化交流的重要节点、多民族文化交流的中心和交汇地。季羡林先生说的四大文明的交汇处指的是敦煌和新疆，其中也包括瓜州。因为从大敦煌的概念来讲，自古瓜州文化一脉相承，也在这个地域范围内。同时，瓜州还是敦煌艺术的中心地带、丝绸之路的黄金地段，文物类别之多、数量之丰富超出人们的想象。就新石器遗址来

讲,瓜州县有6处。这两天,专家们考察的兔葫芦遗址也只是其冰山一角。2011年,第三次全国文物普查时发现了旧石器的报鹊起。我们在一个遗址点短短20分钟的考察时间内拣到了70多件细石器,后来经专家学者考察,鉴定是标准的细石器,其地点在兔葫芦遗址向东。瓜州县在前些年的考察过程中,与西北大学王建新教授在瓜州县的潘家庄遗址发现了新石器时期的彩陶。这个彩陶被发现以后,据专家研究表明,将会命名一个新的文化,叫潘家庄文化。这个文化非常重要,是四坝文化向天山南北传播的一种重要的文化类型,其器物之完整,彩陶的纹饰、纹样之丰富,是整个新石器时代四坝文化向西传播非常重要的一支。新石器遗址有兔葫芦遗址、潘家庄遗址等6处。同时,今年6月22号,在卡塔尔首都多哈举行的第三十八届世界文化遗产大会上,我县的锁阳城遗址有幸被列入世界文化遗产名录。锁阳城遗址保存了我国古代最为完好的军事防御体系,同时也保存了我国古代最为完好的农业灌溉体系,还是整个丝绸之路上长距离交通条件下,人类生存发展的一个重镇和节点,这里也是国家荒漠化引进过程中的一个典型标本,这里更是玄奘取经的必经地、空城计的发生地。唐开元十五、十六年,这里的守将张守圭上演了空城计。抗击突厥有名的军事将领王俊戳在这里担任过地方官,他的老家就是瓜州这一带。在锁阳城东侧还有一处重要的遗址,就是塔尔寺。这个遗址最早建于北周,在《法苑珠林》中记载了佛教在中国历史上东渐的过程。这里曾经通过西域进来了19份佛舍利,其中一份就藏在瓜州东侧的大塔中,这也是这个塔非常重要的原因所在。去年,我们同社科院进行了一次现代化的土层探测,结果表明其内部有地宫,有金冠,而这个金冠肯定与释迦牟尼的佛舍利有关。同时,中国历史上第一部佛经目录的编译是在瓜州完成的。另外，玄奘取经讲经说法、收徒买马都发生在瓜州的锁阳城遗址。最后，在西夏时期，有一个国王叫李仁孝，他退位之后一心向佛，一心读佛，在瓜州呆了4年，期间，在榆林窟、东千佛洞留下了大量完整的西夏石窟。这些石窟是古代中国西夏艺术最高成就的代表作，其中就有6幅《玄奘取经图》。由此，也产生了一个非常有趣的研究课题，即西夏这个民族、这个时代为什么对玄奘取经的故事如此感兴趣。玄奘取经路上收了2个徒弟，《西游记》中的孙悟空（其原型为石盘陀），第二个是在流沙河收的沙和尚，地点是在瓜州和新疆之间的800米的莫贺延碛大沙漠，西行路上的三个徒弟，两个就与瓜州有关。

瓜州文化的特点是新石器遗址非常丰富，是早起人类文明向西传播的重要通道和路径，有重要的文化类型，即前述的潘家庄文化类型。有数量众多，文化系列完整，形制完整的不同时期的古城址60多座，这在全国绝无仅有，其中包括州城、县城、乡城，以及小的军事单位，被列入世界文化遗产的锁阳城遗址就是最重要的代表。世界文化遗产评定组的相关专家在看完锁阳城遗址后，称其非常壮观，非常震撼，非常惊叹。锁阳城的文化展示系统、遗址的标示系统以及参观过道和电瓶车道等各个节点，都受到了国外专家的高度赞赏。古城遗址是瓜州县文化特点中分量很大的一块，其中也包括佛教的文化遗迹、寺院等。

瓜州县有非常丰富多彩的石窟艺术，石窟寺有5处，其中4处是西夏石窟，而且是西夏石窟的代表作。同时，石窟的内容之丰富、完整，已经在学术界有所说法。

瓜州境内还保存了完整的汉代长城体系的一个重要区段，是整个中国北方防御体系当中的一个重要区域，所保存的长城的本体有13个段区，20多公里长。段区内有古代的烽燧80座，以及古代城障，像议和都尉这样级别比较高的遗址在长城线上分布了六七处。从长城线分布的情况来看，这个地方从汉武帝开始据两关设四郡，成为东西文化交流的一个非常重要区域，也是佛教东渐过程当中的一个非常重要的节点。在佛教东渐、中国高僧的西行求法的过程中，瓜州是必经之地。我们曾经三次考察过从瓜州到新疆哈密的所谓的"五传道"。在这个道路上，我们发现了从瓜州到新疆哈密这一地段上的10个古代遗障。这些遗障基本保存完好，有烽燧、有马厩、有大量文化层的堆积。从瓜州境内初步考察的情况来看，和玄奘大师取经有关的，并在《慈恩传》中记载出现的遗迹，在瓜州境内有36处之多，这也是目前全国保存和玄奘大师有关遗迹最多的一个县。可惜的是，这些年，许多专家学者向敦煌凑热闹的多，而在这个重要地段做工作的少。在这里研究比较多的是李正宇、李并成、郑炳林。历史上，中原王朝经营西域的过程中，瓜州是非常重要的一个节点，它西边连着敦煌、新疆，北边连着内蒙，南边连着青海。历代中原王朝能对西域进行控制的重要原因就是有河西走廊这个大通道，有瓜州、敦煌这个地域内的重要节点和交通要道。可以说，历史上一切文化交流的重要节点都离不开瓜州、敦煌。

瓜州还有大量的两汉、魏晋时期的墓葬，大致有15 000多座。博物馆陈列有唐墓中出图的唐三彩、三彩骆驼、三彩马等。瓜州如此丰富的历史文化类型和丰富的文物资源，为专家学者提供了丰富、重要的开展研究考察的文化信息，为我们的合作考察提供了条件，也为瓜州县第三产业的开发、旅游产业的开发提供了丰厚的资源。

最后，希望我们能与在座的各位专家学者进行更深层次的合作。我代表瓜州县文物局、瓜州县博物馆对各位专家的到来再次表示感谢。

瓜州县副县长刘军德在座谈会上的讲话

非常感谢郑欣淼部长及各位专家学者关心瓜州、关注瓜州,特别是将"玉石之路与齐家文化研讨会"以及考察活动的一个小结性会议放在我们瓜州举行,这充分体现了郑院长及各位专家学者对瓜州的关心和关爱。我代表瓜州县委县政府对各位专家学者莅临瓜州,参加会议,进行考察活动表示热烈地欢迎。同时,也为各位专家学者对瓜州的经济社会发展,特别是文化事业的发展寄予了如此之高的评价和重视程度,感到非常激动。瓜州县文化资源丰富,文物资源丰富,历史文化悠久,但许多文化现象以及文物缺乏深度挖掘和探索。今天研讨会和考察活动在我县举行,我认为这对于拓展瓜州县的文化,特别是文物资源的相关领域,提升瓜州县的文化品味,都具有极大的推动作用。在此,我谨代表我个人以及文化界的同志们对各位专家的到来表示感谢。

瓜州县地处河西走廊西部,是酒泉市的七个县市区之一,东距铁人王进喜的故乡——玉门120公里,西临世界文化名城敦煌,南北面与肃北县相接壤。同时,瓜州也是甘肃的西大门,甘肃唯一和新疆交界的地方就是瓜州的柳园镇。瓜州也是一个东进西出的要道,是古丝绸之路上的一个重要节点。全县面积有2.4万平方千米,人口15万,下辖5镇10乡,其中有9个属于老乡镇,另外6个是移民乡镇。瓜州历史悠久,源远流长。早在4000多年前,瓜州就设立了安息府,民国二年,改为安息县。2006年,根据国务院的批复更名为瓜州县。这些年,通过各级政府、社会各界的关心支持,全县经济社会各项事业取得了长足发展,先后荣获"全国计划生育优质服务先进县""科普示范型平安建设先进县""新能源产业百强县"等称号。

我县自然资源相对丰富，全县全年日照总时数达到3 360小时，年降雨量45毫米，年蒸发量3 140毫米，所以说，我县属于干旱的荒漠化地区。有两大河流流经我县，分别是疏勒河、榆林河，也是我县主要两大灌溉河流。瓜州县矿产资源富集，有金、银、铜、铁、铝等矿产品40多种，特别是黄金的储量、产量曾一度达到全国前列，是甘肃省重点产金区。我县农业资源相对丰富，境内有可开发利用的荒地资源280万亩，天然优质草场资源达到3 000多万亩。目前，以蜜瓜、甘草、枸杞等果蔬为主的高效特色产业面积占到全县种植面积的60%以上，基本上形成了10万亩的蜜瓜、10万亩的枸杞、10万亩的甘草、10万亩的棉花，牛羊养殖量达到120万头，无公害产品和产地认证分别达到11个和9个，获得了"中国蜜瓜之乡"和"锁阳之乡"的荣誉。2013年，全县生产总值为71亿元，财政收入达到8.3亿元，今年将有望达到9.5亿元，城镇居民人均可支配收入达到20 818元。瓜州是一个城市、农村及移民人口相结合的三元结构地区，城市收入达到20 000元过一点，农村以及乡镇达到10 500元，但是，移民人口的人均纯收入只有4 000多元，这也成为了我们经济社会发展中较弱的环节。

瓜州县经济社会发展情况方面，新能源产业是瓜州经济发展的支柱产业、主打产业、首位产业。瓜州是"世界风都之城"，过去有一个说法"一年一场风，从春刮到冬"。这里的风能资源具有量大、风向稳定、风的密度相对较高的优点。瓜州县的风的年有效利用时数达到2 300小时以上，储量超过4 000万千瓦，是目前全国风能储量最大的地区之一。我县利用风能优势，从2000年开始发展以风能为主的新能源产业，目前，全县风电装机容量达到405万千瓦，若风电二期能如期完成，今年底就会达到650万千瓦。同时，瓜州县光能资源丰富。具体体现为光照强度大，日照时间长，全年日照时数达到3 360小时，位居全国前列，具备发展风电、光电产业的优越条件。目前，我县已经引进国内五大发电集团的14户新能源企业，建成了风电场，24个装机容量达到405万千瓦，累计年发电量达到219亿千瓦/时，实现销售收入110亿元。

农业特色产业方面，耕种面积达到60万亩，天然优质草场30多万亩。同时，疏勒河、榆林河两大水系的灌溉，为农业生产条件提供了一个独特的发展优势。

瓜州县文化旅游资源富集，境内不可移动的文物点有465处，国保单位有10处，省保单位有16处。特别值得一提的是，6月22号，"丝绸之路"申遗成功，我县的锁阳城遗址也入选了世界文化遗产名录。文化资源方面还有榆林窟和东千佛洞，榆林窟内有一幅《玄奘取经图》，其中孙悟空的产生年代据专家考证要早于吴承恩的《西游记》400年，所以，民间有一种说法，认为瓜州是孙悟空的老家。同时，瓜州也是草圣张芝的故乡。瓜州县已投入2亿多元在县东侧修建了"张芝纪念馆"，并将在2015年举办全国性的"张芝大奖赛"。

今天，"玉帛之路文化考察活动"研讨会在我县召开，这本身就是对瓜州县的一个极大宣传，希望各位专家学者今后能一如既往地关心瓜州发展，并通过各位专家将瓜州的优势资源、特色产业、发展情况向外界多做宣传。谢谢大家！

刘学堂教授在座谈会上的发言

刚才叶老师和易华老师都讲过了，我们这次的行程是一个探源工程，包括玉石、彩陶、青铜。来到这里，我们有了更大的收获。例如吐火罗，我们早就关注过它，哈密地区就有一个吐火罗乡，中亚地区也有叫吐火罗的地方。沿着丝绸之路串联，这些地名之间肯定是有关系的。比如疏勒河，流到了罗布淖尔地区。这个地方早起有属于原始印欧语系的人在这里生活过，带来了大量的西方技术因素。这些因素会不会因为这些河顺流而上，进入河西地区呢，这都给我们留下了巨大的探索空间。我简单地讲三个想法。

第一，我们行程中所经过的这些地方都是彩陶的路经之处，彩陶是中原文化的一种特质，黄河流域发现了大量的彩陶文化。大概在公元前3000年，彩陶翻过乌鞘岭，进入河西地区，在河西地区西部，发育成熟了四坝文化。四坝文化在河西地区西部，彩陶遍布四坝文化遗址，再造了地方文化的辉煌。然而，彩陶的传播没有在此停留，而是翻过了200多公里的黑戈壁，进入了东天山地区。我们当年在哈密发掘了大量来自这个地方的彩陶，它沿着天山南北两路的山间盆地和绿洲贯通了天山，其重点在巴尔喀什湖。所以，天山地区史前文化的底色是来自于东方的，这也就更正了我们过去的历史观。彩陶文化由中原地区一波一波向西传播，是早期中原文化向外拓展的路径和步伐，也是一条研究内陆欧亚历史、中国历史、中亚历史最重要的一条线索，并由此终结了安特生曾经提出的"中国文化西来说"。安特生当年就是因为彩陶才提出了这一说法，而如今，这个说法被彻底颠覆了，现在有确切证据证明，我们这个地方也是彩陶的必经之地。文化的流动都是双向而非单向。中亚西部有一个地方叫"新月沃地"，它是早期文明的发祥地，范围从埃及扩展到中亚南部，并产生了种种因素。这些因素经过我们这个渠道源源不断地向中原汇流。在河西走廊这个重要通道里，有很多内容，我们沿途也在一直讨论。

"玉石之路""彩陶之路"等其他文化之路，其内部的因素都是综合的、多样的、网状的，而不是由一个因素独立决定的。我们这里是个游牧交接地区，这就涉及牛羊等动物，我稍微讲一下牛和羊的传播过程及其重要性。牛羊对于我们这个区域，包括中原地区都具有很重要的意义。因为人不能吃草，而人要开拓食物空间受到生产力水平的限制，牛羊引入以后，牛羊吃草，人吃牛羊，极大地拓展了食物空间。同时，牛羊引入后，中原地区大量未开垦的食物资源得到开垦，因此，西北草原地区发展起来了绿洲、游牧并重的文化。所以说，牛羊之路也极为重要，它涉及了整个北方和中原地区早期的物质结构基础。

第二，我们的考察活动也是探源之路，因此要将齐家文化与夏文化联系起来。在中华文明探源工程的进展中，我们采取多元视点，并以中原为中心。这个视点是指，中原早期文明起源一定不是一个孤立的、封闭的、自我的一个成长过程，而是有大量的、西方来的因素影响。这些西来的因素对中原地区早期文明具有撬动意义、提升意义，为我们研究整个华夏文明打开了一个全新的视野。例如青铜器，它不是一家一户就可以完成的，它需要找矿、炼矿、冶矿、镀矿等一系列工序。由此可见，一小件青铜器都证明了其后有一个复杂的社会体系结构存在。所以说，这种视点对于我们研究中原地区早期文明也是一个重要的启发。

第三，通过这些天的参观考察，我们感觉很震撼，各地都在发掘并凸显区域文化优势。大家都知道，未来的发展应是文化领先，我们这项活动是"大手笔"，不仅空间大，想得远，而且整体布局是超前的，凸显了人文引领地方文化的这样一个创意结构，同时，也有利于我们进行经验总结并传播。谢谢！

冯玉雷社长在所谈会上的发言

我们这次的研究将书斋研究、文献资料研究和田野考察结合起来。另外，华夏文明的研究，前提必须要搞清它的来龙去脉，才能传承，所以，我们要接地气，接人气，不单关注过去的遗址对现代社会在政治、经济、文化等方面发展情况的影响。

我们今天这个会的意义就在于，它既是考察行程西行段的总结会，又是东返的启动仪式。郑部长和卢书记的讲话正好和甘肃省委宣传部、省文物局、西北师范大学这三家主办单位对我们的要求不谋而合，就是我们的考察不是为学术而学术，而是要和中华文明的探源工程结合起来，将国内外相关的学术研究、田野考察，以及研究成果进行整合，同时，也要把现当代经济、文化发展的情况和对古代文化的弘扬、保护结合起来。我们不仅要证实玉石之路是丝绸之路的前身，更重要的是，要找到中华民族的一个核心价值理念，并研究它是怎么传承的，打通这个链条。感谢瓜州县政府和文物部门的同志对我们的支持，座谈会到此结束。

卢法政书记在座谈会上的讲话

我先自我介绍一下，在座的都是专家学者，我是在职公务员，在新疆阿克苏地区人大工作，和丝绸之路杂志社有一些文化上的交流和联系。就本次活动来说，由于工作的原因，我本来是无法参加的，但冯社长从5月开始就不停地发函邀请，盛情难却，最终我还是请假来参加此次活动。我是抱着学习的目的来参加此次活动的，倾听大家的观点，学习有关的知识，将在这里学到的经验运用于阿克苏地区今后的工作中。

参加完"玉帛之路文化考察活动",我产生了以下两点认识:

首先,本次活动的主题"玉石之路"是先于丝绸之路的东西方交流的一条通道,这个论点的提出是很新的,从论据上看,也是能站得住脚的。从之前的考古发掘来看,在丝绸存在以前,玉器就大量地存在于先民们的社会生活中,在殷墟遗址中就挖出过大量的玉器,皇家贵族都大量使用玉器,玉文化在中国逐渐发展成为了一种信仰,叶舒宪教授就此曾发表过大量论文。丝绸之路远至西欧,而玉石之路是从新疆开始的。"玉石之路"这个提法本来就很新颖,能将这条道路研究透,找到充足的论据来论证,我认为这对于学术界是一种很大的创新。同时,经过专家们的研究,发现玉石之路是沿着黄河进行的,我认为这个观点也是很新颖的,很有根据的。这一次的活动为这些观点提供了更为有力的证据支撑,意义重大。

其次,瓜州县的历史文化资源非常丰富,发现了大量新石器时期的文物,这是非常了不起的,也说明了瓜州是一个历史积淀丰厚、文化灿烂的地方。这里是东西方文化交流的必经之地,是中原通往西域的绿洲,它的战略重要性、文化重要性、经济通道重要性不言而喻,所以,一定要将这些东西挖掘好、保护好、研究好。

阿克苏地区与瓜州县在自然条件、农作物生产等方面有很多共同点。通过刘军德县长的介绍,我了解到,瓜州县是典型的大陆性气候,与阿克苏地区差不多。两个地区的产业相近,都种棉花,阿克苏地区的棉花产量占全国的八分之一,这里的棉花品质、种植技术等相关方面在世界范围内都是一流的。阿克苏地区有500亩的年棉花种植面积,平均亩产量是130公斤。从20世纪80年代初到90年代后期,棉花产量大幅攀升,但是，市场的变化带来了风险，单一的棉花经济难以抗拒这种风险。因此，在中央的指示下，阿克苏地区的种植业进行了第二次产业调整，即从棉花经济向林果业经济迈进，包括核桃、红枣、苹果、梨子等。现在，林果业的面积大为扩展，但也存在着市场问题，因此，我们将这些林果加工成工业品后再外销。瓜州县有60万亩耕地、30万亩优质草场、100万亩绿洲、15万人口，所以说，耕地面积还是非常丰富的，如果沿着县上确定的特色优质农产品路线发展，农民增收，达到小康还是很有把握的。今后，阿克苏和瓜州可以进行一些经济上的合作、优势互补、互通有无。文化我们要搞，经济我们也要搞，用文化带动经济发展是一个不可忽视的方面。

瓜州县历史文化遗址丰富，具有很高的研究价值，希望专家们还是多来，进行发掘研究，这不光是宣传瓜州的需要，更是学术研究的需要。瓜州有隋唐时期的敦煌石窟、榆林窟，阿克苏地区拜城县有两晋时期的克孜尔石窟群，后者比前者早了将近400年。阿克苏地区在西域三十六国中被称为邱治国，这里的文化具有融合性，是华夏文明、希腊文明、罗马文明、印度文明四大文明交汇地。克孜尔石窟群中的壁画风格完全不同于这里，比如弥勒佛，在东部地区是很富态的，而这里的是宽肩细腰，这是由于受到希腊文化的影响而产生的。玄奘在瓜州收过徒弟，在库车昭怙厘大寺讲过学。

我就说这么多，最后，我诚恳地邀请大家去阿克苏参观考察。

郑欣淼部长在座谈会上的讲话

本次考察活动的组成人员中有很多专家学者，这就保证了考察的学术性，我所关注的正是这个活动本身的学术性。关于"玉石之路"这个概念，学界的分歧并不是很大。叶舒宪先生、易华先生都已在这个领域取得了重要研究成果。2002年，社科院就已经出版了《玉石之路》一书。我们这次的考察活动将会填补这一领域的相关空白，并深化我们对这一学术研究的认识。今天，考察行程已经过半，大家都取得了一定的成果。我认为，对于"玉石之路"这个课题我们可以进行深入地研究，但是，我们的研究仅仅是为了证明"玉石之路"是"丝绸之路"的前身，还是有什么更深刻的意义和价值？这都是值得我们思考的问题。因此，对于研究目的同样应该引起重视。

多年前，我的墨西哥之行使我了解到，像中国这样热爱玉石的民族在世界上没有第二个，崇玉作为中国特有的文化，这个现象早就引起了学者的关注。在中国最著名的遗址中都发现了玉器，比如良渚文化、红山文化等，我们的各种文化遗址几乎都与玉器联系在一起。我个人感觉，玉作为一种原文化，它对中华民族精神世界的建构、价值观的行成，以及理想、追求、信仰的确立都是有关的。但是，我们对它的研究重视不够。我这里所说的"不够"是指学理上的。中华民族源远流长，国人对玉的钟爱经久不衰。乾隆时期，是玉器发展的一个高潮，乾隆尤其喜欢新疆的玉器，他不仅收藏，还进行研究。他曾在一篇文章中记叙了这样一个故事，他看到一件玉器，并认为是古玉，但一个姚姓工匠告诉他这不是真的，而是其爷爷在宫中仿造的，并讲述了具体的仿造过程。这篇文章被收录在《清高宗文集》中，乾隆还将这个故事刻在一个青玉片上，这个玉片现在还完好地保存在故宫博物院。由这个例子可见，国人对玉器的热爱是和中华民族的文化发展联系在一起的。

多年致力于玉研究的杨伯达先生曾经提出了一个"玉文化"的概念，并出版了一系列相关著作。但是，由于今天高校的学科设置中没有一个是既能涉及物质,又能涉及精神的学科,这就使得杨先生的研究和学科设置对不上,导致这种研究被世人认为是一种旧文化的翻新,我重视这次活动的意义也就在于此。对于玉石之路是丝绸之路的前身这个论点,已经成为了一个研究的事实,并有证据支撑。我们的工作就在于更加细致、深入地完善这一研究成果。西北地区在中华民族形成发展过程中起到了重要作用,做出了巨大贡献,作为一个西北人,我对这片土地有着特殊的感情。古代有"君子佩玉"之说,玉文化的发达与中华民族的民族性格形成密不可分,因此,对玉文化的研究必须要深入。故宫藏玉有30 000多件,主要是宫廷所藏的,其中最大的一个是乾隆时期的大禹治水的玉山子,有10 000斤重。当时,清宫花费了3年时间、300匹马将这块玉从和田运到北京,然后根据宫中所藏宋代大禹治水的画在扬州制作了木质模子,最终雕刻完成,运回北京,放在宁寿宫,这前后共花费了10年多的时间。同时,故宫还藏有几个1吨重的玉器。1935年,中国文物(主要是故宫所藏文物)第一次在英国皇家艺术学院进行展出,这件事轰动了世界,改变了世界对中国文化的认识,具有标志性。70年后的2005年,故宫文物再次在英国皇家艺术学院展出。当时,英国女王、胡主席都去了,胡主席全程看完并向英国女王介绍中国文化,英国女王对其中的一个1吨重的玉器惊叹不已。几个月后,中国驻英国大使馆的文化参赞给我打了一个电话,表达了女王在接见他时对那件玉器的赞美,他感到非常自豪,玉文化的发展充分体现了中国人的智慧。所以,我感觉我们这次考察的主题非常有意义,应该在这个基础上深入下去,推动中国玉文化的发展,并得到学界及社会的高度重视。同时,这次活动也是和中华文明探源工程中夏文华的起源有着深刻联系的,两者不可分割。

我已经来过河西走廊四五次了，但瓜州是第一次来。刚才，听过刘军德县长、李宏伟局长充满激情的讲话后，我发现越是基层搞文物工作的同志越是不容易，也越是重要，因为他们管理的是国家最重要的文化遗产，他们为了文物、遗址的保护、研究付出了艰辛的劳动，是值得我们敬佩的。全国有一大批这样的工作者，他们深刻地认识到了文物、遗址的重要性和价值，并毕生从事相关的工作，对文物和文化遗址倾注了感情。这是一个文物发展、保护、研究的很重要的基层性工作，感谢这批基层文物工作者，也感谢县政府对文物工作的支持。

瓜州县只有2.4万平方公里，15万人口，却有10处国家重点文物保护单位，16处甘肃省重点文物保护单位，作为丝绸之路世界文化遗产的组成部分，瓜州县是值得我们自豪的。但是，这种自豪对于当地来说也可能成为一种包袱，因为世界遗产的概念既有荣誉又有责任，其中包含着一个承诺，那就是对这些文物、遗址的保护、管理。我们不能只看到它所带来的经济利益（况且这种利益还是非常短暂的）。"文革"前，我们的文物是统一出口换外汇的，后来，国家认识到了文物的重要性，我们的观念随着经济发展在不断变化。因此，瓜州是了不起的，但同时，瓜州的文物保护工作也是相当重的，这也许会给瓜州相关的发展带来困难，但我希望瓜州能坚持下去，并得到各方面的支持。

我就谈这些，谢谢大家！

7月22日早晨，考察团前往肃南，参观肃南县博物馆。博物馆外形建的像一顶裕固族的帽子，里面的装修尚未竣工，展品也是刚刚放进去，大部分是裕固族的生活场景再现，也有一

图37 2014年7月22日,考察团参观肃南县博物馆

些陶器和玉器,文字性资料不多。随后,考察团经5小时车程后,于夜晚21:35到达张掖民乐。

7月23日早8:00,考察团穿越祁连山前往西宁。路上走走停停,到达青海省文物考古研究所已是下午16:00。到达青海后,安琪博士因工作原因,前往机场返回上海。青海省考古研究所的文物被挤在库房里,展品级别高,文化类型多,属于青海本地的史前文化主要有卡约文化。因事先联系过,考察团得以进入库房仔细考察比对。参观完考古所的文物展,郑欣淼部长也因公干提前离队,但约定好在定西汇合。与郑部长分别后,考察团一行又匆匆启程,赶往永靖,到永靖县城已近晚上21:30。

7月24日,考察团考察了王家坡遗址。当地接待人员带领考察团租了一艘快艇,穿过刘家峡水库。下船在河岸上,考察团发现了散落在地的陶片、石器等,继续往村里走,当时立的遗址碑已被干草压在里面,再往里走,在断层上能够发现明显的文化层。叶舒宪教授和易华教授还在当地农民家里收集到了几块古

图38　2014年7月23日，考察团在青海省考古研究所与工作人员合影留念

图39　2014年7月24日，考察团前往永靖县王家坡遗址考察（如今遗址大部分都已在水下了）

玉片。返回县城参观永靖县博物馆后,考察团前往临夏,下午14:10到达,首先参观临夏州博物馆。博物馆刚刚落成,还没有正式对外开放,里面关于回族文化的展品占了大部分。晚饭后,考察团前往罗家尕原遗址考察,到时天已漆黑,在手电的帮助下,考察团发现了地面的陶片,文化灰层也十分明显。

7月25日,考察团一早赶往广河县齐家坪。在参观了齐家文化博物馆后,考察团和当地文化工作者在广河县政府会议室举行了第三次考察座谈会,与当地文化工作者畅谈交流各自的研究和认知。座谈会结束后,考察团经过4小时车程到达定西市,与郑欣淼部长和徐永盛主任汇合。

7月26日上午,考察团兵分两路,郑部长、卢书记留下准备第二天即将召开的总结会的发言,军政落实总结会的相关工作;其他成员前往云山窑考察。云山窑位于定西安定区香泉

图40　2014年7月25日,考察团成员与临夏、广和以及齐家镇的文化工作者合影留念

镇云山村小堡子山上，是一处大型马家窑彩窑烧制工场，考察中随处可见马家窑彩陶碎片。下午，召开"中国玉石之路与齐家文化"暨"玉帛之路文化考察活动"总结会。

图41　2014年7月25日，考察团在临夏州博物馆

图42　2014年7月26日下午，考察团在定西举行总结会后合影留念

三 "中国玉石之路与齐家文化"暨"玉帛之路文化考察活动"总结会

与会人员：郑欣淼　原文化部副部长、故宫博物院院长
　　　　　卢法政　阿克苏地区人大主任
　　　　　王美萍　定西市委宣传部部长
　　　　　丁虎生　西北师范大学副校长
　　　　　叶舒宪　上海交通大学致远讲席教授、中国社会科
　　　　　　　　　学院比较文学中心主任
　　　　　易　华　中国社会科学院人类学与民族学研究所
　　　　　　　　　研究员
　　　　　冯玉雷　丝绸之路杂志社社长、总编辑

图43　总结会合影

刘学堂　新疆师范大学民族学与社会学学院副院长
孙海芳　丝绸之路杂志社特约记者
徐永盛　武威电视台新闻部主任
冯旭文　武威电视台摄影师
何鸿德　武威电视台摄影师
军　政　人类学资料记录者、摄影助理

2014年7月26日下午15∶00,"中国玉石之路与齐家文化"暨"玉帛之路文化考察活动"总结会在甘肃省定西市召开。会议由丝绸之路杂志社冯玉雷社长主持,"玉帛之路"文化考察团成员、西北师范大学领导、定西市委宣传部长以及新闻界工作者参加了会议。会议首先由东道主定西市委宣传部长王美萍女士致开幕词,冯玉雷社长简要介绍了考察团的考察历程,然后是叶舒宪教授做专题发言。随后,其他专家和嘉宾也做了精彩的发言。现将与会领导及专家学者的发言收录如下:

定西市委宣传王美萍部长在"玉帛之路文化考察活动"总结会上的致辞

尊敬的郑欣淼部长,各位领导、各位专家,同志们、朋友们:

大家下午好!

历时两周的"玉帛之路文化考察活动",今天就要在定西这方文化的沃土上落下帷幕了。首先,我代表中共定西市委、市人民政府,对考察团一行莅临我市考察调研表示热烈的欢迎,对"玉帛之路文化考察活动"总结会的召开表示热烈的祝贺!

定西历史悠久,文化源远流长,是中华民族黄河文明的重

图44 玉帛之路文化考察活动定西总结会

要发祥地之一,曾孕育了马家窑、齐家、寺洼、辛店等灿烂的史前文化,绵延300公里的战国秦长城西起我市临洮县。境内还有一批以漳县国家4A级景区贵清山、遮阳山为代表的自然景区和以红军长征通渭"榜罗会议"、岷县"岷州会议"纪念馆为代表的红色旅游景点等。近年来,我们坚持以华夏文明传承创新区建设为平台,着力推动公益性文化事业和经营性文化产业协调发展,在打造陇中特色文化大市的征程上迈出了新的步伐。

发源于新石器时代早期而绵延至今的"玉文化",是中国文化有别于世界其他文明的显著特点。玉是中国传统文化的一个重要组成部分,以玉为中心载体的玉文化,不仅深深影响了古代中国人的思想观念,而且成为中国文化不可缺少的一部分。近年来,国内有些专家学者根据从甘肃、青海等地区齐家文化等其他史前文化遗址出土的和田玉器等资料分析,推测很可能在五六千年前就有了"玉石之路"的雏形，张骞所走的"丝绸之路"正是在古代"玉石之路"上拓展出来的。今年6月，"丝绸之路"被正式列入世界遗产名录，世界的目光又一次聚焦于古老而又辉煌的丝绸之路。定西是古丝绸之路的必经之地，文化资源丰富，文化底蕴深厚，是名副其实的文化资源宝库。希望各位专家、学者以这次考察活动为契机，把定西作为自己开展学术研究的重要基地，经常来定西考察调研、传经送宝，帮助我们共同研究、挖掘、弘扬"玉石之路""丝绸之路"的深刻文化内涵，进一步促进定西文化资源的有效保护、理性挖掘、推介展示、传承创新、合理开发和科学利用，进一步扩大定西本土文化的知名度和影响力，共同谱写定西华夏文明传承创新区建设新的壮丽篇章！

冯玉雷社长在"中国玉石之路与齐家文化研讨会"暨"玉帛之路文化考察活动"总结会上的发言

尊敬的郑欣淼部长、卢法政主任、丁虎生校长，尊敬的叶舒宪会长、王美萍部长、考察团全体成员、新闻界的朋友们：

大家下午好！

首先，我谨代表丝绸之路杂志社，对本次考察活动的主办方以及本次考察活动的各承办单位表示衷心感谢！对关心、支持、帮助本次考察活动的领导、地方政府、文化机构及工作人员表示衷心感谢！对参加本次考察活动的各位专家、学者、摄影师表示衷心感谢！对关注、报道考察活动的新华网甘肃分社、每日甘肃网等新闻媒体表示由衷的感谢！

2014年7月13日上午，由中共甘肃省委宣传部、甘肃省文物局、西北师范大学、中国文学人类学研究会主办，丝绸之路

图45 丝绸之路杂志社冯玉雷社长

与华夏文明协同创新中心、西北师范大学丝绸之路杂志社、定西众甫博物馆、武威市广播电视台承办的"中国玉石之路与齐家文化研讨会"暨"玉帛之路文化考察活动"启动仪式在西北师范大学举行。之后，我们从兰州出发后，一路向西，沿民勤、武威、山丹、民乐、张掖、高台、玉门、瓜州一线，主要围绕齐家文化遗址，深入民勤三角城、沙井子柳湖墩、罗什塔、山丹峡口古城、四坝遗址，民乐东灰山、西灰山遗址，西城驿遗址，高台地埂坡遗址，玉门火烧沟遗址等地进行考察。7月19日，考察团到瓜州后，从瓜州博物馆馆长李宏伟先生处获得重要线索。经过大家商议，决定对原定考察路线进行重大调整：7月20日，考察团兵分两路，一路考察敦煌莫高窟，一路考察瓜州兔葫芦文化遗址和大头山。7月21日下午，考察团开始东返，经玉门、嘉峪关、张掖、肃南、民乐、青海祁连、门源、西宁、乐都、永靖、临夏、广河、临洮等地，考察了王家坡、罗家尕原、齐家坪、云山窑等重要文化遗址。

从7月13日下午出发，到7月26日上午结束，考察团历时两周，行程近4 300多公里，对河西走廊、青海、临夏、定西等地的重要史前文化遗址进行了扎实深入地调查。每到一地，我们都要参观当地博物馆，并在高台、瓜州、临夏举办了三场座谈会，总结阶段性成果。7月21日上午，在瓜州座谈会上，考察团还正式向瓜州博物馆移交了20日考察兔葫芦遗址时采集的重要文物。考察团这次采集到的各色陶片，属于不同时代：四坝文化时期、汉代、唐代，甚至还有一片元青花！同时采集到的还有史前的石器、青铜时代的铜片、铁器时代的铁剑残片、钙化的马骨等（马骨不慎被一位成员遗失在沙漠中）。这些不同时代的文物遗迹说明兔葫芦遗址曾经长期充当玉石之路运输的要塞或中转站。

在考察中，大家深深感受到，学术研究和文化考察只有秉持科学精神，接地气，接人气，与当地政府、文化部门、文化工作者务实合作，才能真正做到文献资料与田野考察的有效沟通。考察中，考察团成员遵守国家文物保护法，以科学、严肃、虔诚的态度对待每一处文化遗址，认真思考、讨论每一个学术问题。大家早出晚归，白天考察、参观博物馆，回到宾馆，常常都是晚上七八点，有两次超过晚上十点。但大多数考察团成员还要写考察手记、学术总结、整理资料。叶舒宪先生为了不影响其他成员休息，有几次凌晨三点在卫生间里敲电脑，整理图片。刘学堂教授利用行程中的空闲时间将考察心得写到纸上，然后才在有条件时输入电脑。德高望重的诗人、作家、文物界前领导郑欣淼部长不顾年事已高，与大家一起讨论，一起经受长途奔波，并对考察团提出了非常有价值的建议。作家、阿克苏地区人大主任卢法政先生虽有腰肌劳损，但经历考察中的各种辛苦时从不抱怨，积极乐观，与其他考察团成员打成一片。易华研究员常常抛出一些学术观点，引发大家激烈讨论。考察团两位女成员安琪博士、作家孙海芳吃苦耐劳，在天气最热的时候，与大家一道在戈壁滩里跋涉。7月20日，考察瓜州兔葫芦遗址时，考察团往返徒步11公里。摄影师冯旭文、何成裕不但扛着20多公斤重的设备忙工作，还要帮助大家搬运行李。摄影助理军政默默无闻，在摄取资料的同时，致力于对外联络，保证了各个考察环节的畅通。

本次考察活动取得了重要成果，其学术上的突破意义主要体现在实现了从玉石之路是否存在的笼统性认识，到对其有了深入具体认识的飞跃。

第一，认识到西玉东输文化现象的复杂性。

在史无前例的延续数千年的西玉东输现象中，自西域进入中原国家的玉石资源具有多样性，过去学界只集中关注新疆昆仑山的和田玉。本次玉帛考察团在瓜州、肃州等地看到多处出产地方性玉石的天然矿藏，结合史书中有关嘉峪关大头山、玉石障的记载，以及甘肃省考古研究所新发现的战国至汉代肃北马鬃山玉矿的存在，可以得出新的认识：除了新疆和田玉之外，甘肃青海也是西玉东输的玉石资源地。尤其是在甘肃河西走廊的天然屏障祁连山两侧，都有不同的玉石资源存在。自距今四千年左右的齐家文化开始，西玉东输的历史揭开了序幕，时期越早，这些玉料输入中原或输入陇中地区的可能性就越大。

第二，瓜州有可能曾经充当古代多处玉石资源输入中原国家的集散地或汇聚点，即肃北、瓜州北部大头山，加上原有的新疆和田地区及其他地区。考察团在瓜州沙丘包围中的文化遗址——兔葫芦遗址所进行的一日考察中，看到有被切割的多种玉石料堆积现象，目前尚不能准确认定其年代归属，但是可以判断出存在着不同地区的不同玉料汇聚瓜州的情况，结合当地学者根据田野调研得出的瓜州地区四处玉门关的新认识，日后的研究须要聚焦瓜州双塔村的兔葫芦等重要遗址。

第三，玉门关的多样性和历史游动性。作为华夏边塞诗中最常见的母题，玉门关又称玉关、玉关头、玉塞、玉门、玉门道、玉门山等等。考察团成员们以为，用"游动的玉门关"理念来考虑问题，或可跳出历史的谜团。

考察团这一次行程设计主要围绕河西走廊和齐家文化遗址，不能聚焦马鬃山，但是如果要从学术上全盘思考游动的玉门关问题，就有必要把昆仑山系和祁连山系联系起来看，还要将和田、敦煌、瓜州和肃北马鬃山、嘉峪关大头山、陇中的马衔山等连成一个西部美玉资源的整体来研究。

我们以前已经将中国人对玉石神话的信仰简称为"玉教"，并将其视为华夏国家形成期的一种潜在国教。目前看来，在外来的佛教征服中国之前，能够相对统一华夏国家版图和广大人民共同信仰的，只有玉教。其不成文的教义在文明时代以后的发挥有两大方面：一是如玉的人格精神，即"君子比德于玉"和"宁为玉碎"；二是和平主义的多元文化互惠理念，即"化干戈为玉帛"。

数千载的西玉东输文化运动就是玉教信仰驱动下的多米诺文化现象，需要探究的问题很多，尤其是在以比较文明史的国际视野审视其凝聚和催生华夏文明特有的核心价值方面。故宫博物院前任院长郑欣淼先生从北京经敦煌赶来瓜州加入考察团后，一再强调这个方面。

第四，关于夏朝的断代问题。西北地区处在黄河农业文化与西北草原文化的接合部，形成了独特多元的齐家文化。如果真有夏朝，夏是新石器时代或传说时代到历史时代的过渡期，也是游牧文化与农耕文化激烈碰撞与融合的时期。从时空内容均可证齐家文化与夏文化相当。此外,齐家文化与羌有关,不仅是周秦文化之源,而且很可能就是夏文化。如果真有夏民族,最有可能形成于黄河上游大夏河地区;夏末商初部族四分五裂,部分演变成了汉族,其它变成了羌、匈奴、党项、鲜卑等民族。

另外,学者们还从彩陶传播之路、贝币传播、图像人类学、文化历史等方面进行研究,具体成果将体现在随后的著述中。总之,考察团虽是一个临时组成的团体,但成员们处处显示了高度的学术品格和文化素养。短短两周时间,大家彼此尊重,互相体谅,并与当地学者、文化工作者建立了深厚友谊,这些都为进一步文化考察和学术研究奠定了基础,积累了经验。

接下来,我们计划要以多种方式宣传考察成果。丝绸之路杂志社编辑出版一期考察特辑,制作纪录片,每位专家撰写一部考察专著。

省委常委、宣传部部长连辑在讲话中指出,要"成立一个专门的论坛,一年还是几年搞一次,长期坚持下去,制度化、常态化,这肯定是有好处的。而且这方面的文化比佛教文化可能更加具有中华民族文化的民族特色,佛教文化毕竟还是外来文化,玉文化至少不是传进来的,其他国家,东南亚国家,也有玉文化,但是是各自独立的,也可能我们更早,也可能我们影响了他们,这是源头性的东西,这个好好搞一搞,可能是有好处的。而且抓这项文化的研究,可能更加有别于我们和西方文化的差别,需要很好地挖掘,我主张把根据地建在甘肃,不管是昆仑玉还是什么玉,总要有人搭这个台子。如果可以的话,你们这次顺便搞一个报告,一个思路,或者一个方案,然后我们看着怎么批一下,机制怎么办?投资怎么办？地区协调怎么处理？最后要是按照叶老师所说的能把夏朝定在甘肃，就可能把甘肃的华夏文明传承创新中心区的建设搞得更好。"

是为此，我们将依托本省以及全国各地长期致力于华夏文明、玉石文化以及丝绸之路方面研究的专家，共同研究、挖掘、弘扬"玉石之路""丝绸之路"的深刻文化内涵。随后几年中，主办方还将有计划地、定期组织"张骞之路文化考察活动""周穆王之路文化考察活动""唐蕃古道文化考察活动""吐谷浑道文化考察活动""茶马古道文化考察活动"等系列文化考察活动，通过田野考察、组织学术论坛、出版学术专著和文化考察专著等方式，再现华夏文明的辉煌，增强中华文明的吸引力和凝聚力。

叶舒宪教授在"中国玉石之路与齐家文化研讨会"暨"玉帛之路文化考察活动"总结会上的发言

尊敬的郑部长、卢主任、丁校长、王部长以及丝绸之路杂志社的冯玉雷主编，我非常高兴能在这里做总结性的学术发言。这次会议的名称叫作"中国玉石之路与齐家文化研讨会"，考察活动的名称是"玉帛之路文化考察活动"，从名称上看，有一些概念是大众比较熟悉的，有一些是比较陌生的，比如"齐家文化"这样的概念。玉石之路是中国文化的大传统，对"大传统"这个概念我们也进行了多次讨论，它是近10年来中国文学人类学研究会的一个主题词。我们把有文字记载的历史叫作小传统，把先于文字和外于文字的历史存在叫作"大传统"。文字历来是维持中原政权和皇家书写的，而在此之外的广大中原地区和少数民族地区基本上是没有文字记录的，我们将这个称为"大传统"，它是未知的，需要我们去探索。齐家文化的意

图46　社科院比较文学研究所叶舒宪研究员发言

义就在于,它在距今4 000年前后时,崛起于黄河上游,波及到黄河中游,直接影响到后来的夏商周文化。如果说到华夏文明的孕育和诞生,离不开黄河以及其上游的先民。在齐家文化之前,还有马家窑、半山马厂、大地湾等一批大约8 000～6 000年前的史前文化的深厚积累。因为没有文字,除了考古专业的人,一般人连这些名字都很难记住。过去寻找夏商周中夏文化的源头,重点在河南二里头文化,研究者们试图在那里找到夏的都城,而周边地区却被忽略了,相对重视不够,比如齐家文化。齐家文化距今4 000年,它与夏商周中的夏几乎是重合的,这样一来,就为寻找夏这个中华民族的源头找到了一个新的点。齐家文化延续了600年,秦汉魏晋加起来都没有其时间长,元明清三代加起来才相当于齐家文化的时间,但是迄今为止,国内还找不到一本研究齐家文化的专著,这非常遗憾,所以本次活动非常有意义,是面对西部广阔的田野,将书本知识和我们探索的"大传统"背景结合起来。这个黄河上游的史前文化从黄河崛起后逐渐向四周扩散，最远到了河西走廊。武威的皇娘娘台是出土玉器比较多的地方，向东到了陕西、内蒙古、宁夏，甚至山西的北部，这样的一个文化传播的现象过去我们根本不知道。1924年，一个瑞典考古学家到中国来发现并定名了齐家文化，我们才知道有这么一个史前文化。以往，由于没有文字，中国的学者都习惯于引经据典在书本上做文章，而文学人类学则是走向田野、走向器物、走向图像。

6月22日，"丝绸之路"申遗成功，举国欢庆。我们知道，"丝绸之路"是一位德国地理学家李希霍芬在鸦片战争后来中国探险、考察，回国后提出的。河西走廊将东方的丝绸运入中亚、西亚、欧洲。"丝绸之路"众所周知，但是关于其起源，以及其何时成为华夏文化运输大通道的过程，过去研究得比较少。比如，英国女王最欣赏的是中国的玉器，鸦片战争前后，英国使团来华，乾隆皇帝送的就是一个对中国人来说最贵重的礼物——白玉如意，而英国人送的是代表西方文明先进科技的自鸣钟，中国人非常欣赏自鸣钟，而英国人却不明白赠玉的真正含义，其实质上是外邦民族无法理解华夏玉文化所代表的真正内涵。玉文化代表的就是永生，只有皇家、贵族才能用玉。

甘肃地形似玉如意，我们这次考察的地点主要集中在玉如意的玉柄部分。中国之所以叫中国，原因在于历朝历代的政权都集中在中原地区，但皇家贵族所用的玉料则主要来源于西北，这样的路线的形成比张骞通西域的年代至少早一倍以上。故宫博物院资深的玉学专家杨伯达先生认为大约在仰韶文化时期，这条"玉石之路"就形成了，按照这种说法的话，大约是距今6 000年。我们保守一点，将目光聚焦于齐家文化，原因是齐家文化中确实有一部分是非本地玉料制作的玉器。这些玉料从何而来，若是源自新疆和田，这其间几千公里的路程的形成就是我们考察调研的关键。

有关中国的"玉石之路"，从周代有文字记载开始，我们发现中国的先民只崇拜一种玉，就是来自新疆的和田玉。中国玉的观念的形成与统治者对玉的崇拜有直接关系，张骞通西域后，发现黄河源头在昆仑山，那里出美玉，而昆仑山也是汉武帝按照古图书亲自命名的。《山海经》中描述了140座山及其所出玉石，除了新疆和田玉之外，中国史前文化大约有8 000年的玉文化历史，前4 000年基本上是就地取材，比如齐家文化中的玉器主要以临洮当地的玉料为主，也有少量的祁连山玉，极少部分和田玉。中国人的崇玉文化已经有几千年的历史了，玉的观念渗透到了我们生活的方方面面。中国文化的核心价值在于玉，而西方其他文明崇拜的是黄金（这次考察过程中，我们发现中国最早的黄金器物出现在河西走廊）。这些玉文化由于没有文字记载都已经离我们而去了。

目前看来最后一个离我们而去的就是齐家文化。4 000年前的齐家文化是史前八大玉崇拜文化中最后一个消失的，时间是距今3 600年。黄金是大约三四千年前才进入河西走廊，而玉教信仰才是支配中国"大传统"的观念，其核心就是"玉帛为二精"，是先民的一种虔诚的"化干戈为玉帛"的信仰。《穆天子传》中记载的"载玉万只而归"是对西部圣山的朝圣，古老的玉文化在文明还没有开始之前就已经达到了顶峰。金属文化是在距今4 000年前的时候在中原崛起的，中国最早的几件金器都在这里，东灰山遗址出土的金鼻环，瓜州博物馆所藏的金耳环等。在中原地区还没有金器的时候，河西走廊上却发现了金器，说明河西走廊充当了黄金向中原传播的重要通道。

跟齐家文化同时的四坝文化出土了红陶片，学界认为四坝文化族属是华夏,也有人认为是其他少数民族,如地羌、月氏、回鹘,这些少数民族很可能是古代在河西走廊上传播玉料的"二传手",对此,古代文献上也有很多线索。如此一来,就可以把民族学、人类学、地理学、历史学等众多学科结合起来从而带来学术研究的新面貌。本次考察活动最有意义的是在兔葫芦遗址发现的玉料,这些玉料都是切割下来的,而这种切割不可能是自然形成的,有些玉料还是透光的。兔葫芦遗址有来自不同地区的玉料,而这片区域已经被沙漠包围了,这非常值得探索的现象。

玉石的运输在没有马的情况下是非常困难的,根据研究,我们发现最主要的运输线路是黄河及其支流,因此,我们将"玉石之路"看作黄河上游与中游的纽带。去年,在陕西省发现的号称史前最大的城址——神木遗址距今4 300年,比齐家文化略早。齐家文化之前的马家窑文化没有玉器,5 000年前、4 500年前没有玉器,到4 000年的时候出现了玉器,它是从中原的玉文化传播过来的。神木遗址非常重要,其出土的玉器表明了陕北出现的玉器和齐家文化中的玉器从用料到器形基本上类似。玉文化在华夏国家还没有建立以前就已经以玉礼制统一了中国北部,如果我们不断深入研究从而探索出"玉石之路"的具体运输路线,这对于我们重新理解华夏文明的行程,理解华夏核心价值观的由来以及历史多样性的心得层面都是有帮助的。

易华研究员在"中国玉石之路与齐家文化研讨会"暨"玉帛之路文化考察活动"总结会上的发言

我想讲讲"探索华夏文明聚焦齐家文化",通过这次田野考察活动和数次的研讨会的召开加深了我们对齐家文化与华夏文明关系的认识。我想讲三点。

第一，历史学方面的研究。1935年，傅斯年写过一篇名为《夷夏东西说》的文章，这篇文章代表了民国时代探索中国文明的最高水平，现在看来还具有很高的价值。根据现有的历史文献记载，我们可以初步考订夏是西部的一个大国。现在，我们可以进一步考订清楚的是，元昊的西夏国称为夏，也叫大夏，赫连勃勃建立的大夏可以叫作西夏，也可以叫作夏，这两者与我们所说的夏朝的夏是藕断丝连的关系。元昊和赫连勃勃都不约而同地自认为是夏朝的后代，他们认为大禹是其祖先，这是从精神上、主观上的认定。这三个"夏"所分布的地域大致上重合，更为巧合的是，这片区域和齐家文化正好相当。也就是说，齐家文化的分布区正好是西夏的分布区，也是大夏和夏朝的分布区，这四者是统一的。傅斯年鉴别出夏在西部，我们可以补充的是，根据历史记载和我们的研究成果，赫连勃勃的大夏和元昊的西夏可以和夏朝统一起来。

第二，考古学方面的研究。考古学的发展已经经历了百年，夏商周断代工程基本上确定了夏的年代，中华文明探源工程也已进行了十来年，但在中原并没有找到夏文华的源头，现在我们只能初步确定二里头文化是夏朝晚期的文化，也就是说夏的中期还没有肯定。齐家文化和二里头文化是一脉相承的，我们可以从五个方面来鉴别它们。首先，从植物考古学来说，二里头文化的植物种类与齐家文化的植物种类是大致相同的；其次，从动物考古学来说，二里头文化的动物、家禽与齐家文化的是大致相同的；再次，从冶金考古学来说，齐家文化和二里头文化同时进入了青铜时代，也就是说，齐家文化和二里头文化的经济生活是大致相同的，技术水平也相当；再次，齐家文化所用的礼器和二里头文化是大致相同的，主要的礼器是鬲、磬、璧和大玉刀；然后，从占卜方式来说，齐家文化用牛羊的肩胛骨进行占卜、决策，二里头文化也是如此；最后，齐家文化和二里头文化的意识形态和经济生活方式是大致相同的。综上所述，二里头文化和齐家文化是同质的，但是，齐家文化又早于二里头文化，如果二里头文化是夏文化的晚期的话，那么，齐家文化就应该是夏文化的早期或者中期，考古学新的研究成果大致上可以鉴别出这一点。

第三，地理学方面的研究。我们已经从历史地理学考证出，夏大部分是在西北地区，这次考察的行程所包含的范围基本上都有大禹治水的传说。前天，我们在临夏，马自勇收集了很多这方面的资料，他认为临夏是大夏文化的核心区，而实际上，整个齐家文化分布区都和大禹传说有关系，积石山可能是大禹治水的一个核心坐标。这样一来，我们就可以从历史地理学方面来鉴别齐家文化分布区就是夏文化分布区。从地理学方面进行的研究，还有两点须要注意，首先，齐家文化分布区实际上是青藏高原、黄土高原和蒙古高原三大高原的结合部，这里的地理环境非常多样化，只有在这样复杂的地理环境下才能产生这种早期复杂的文明。早期文明在草原或者平原都不太容易出现，即使能够出现也不稳定，只有高度复杂的资源环境才能承担起这种稳定，才能产生出这种复杂的社会，文明才能产生并最终形成。其次，跟地理有关的是交通，这里是"丝绸之路""玉石之路""青铜之路"的必经之地，就是这种交流促进了文化的发展。现在我们为什么要追溯齐家文化为华夏文明的源头，而不是马家窑文化。马家窑文化很繁荣，它是一种单纯的、定居类文化，而齐家文化才是游牧文化与定居类文化相结合的复合文化。中华文明不是一种单纯的文明，它不是单纯的定居文明，也不是纯粹的游牧文明，是两者结合的产物。如果我们把定居文明比作母系社会的话，游牧文化、青铜文化就可以比作父系，这两者结合起来才能形成华夏文化。所以说，齐家文化是一种复合文化，与华夏文化的性质相接近，而马家窑文化是一种相对单一的文化。因此，我们将齐家文化认定为华夏文明的源头来研究。通过研究齐家文化，我们才能清楚阐明华夏文明的历程。

刘学堂教授在"中国玉石之路与齐家文化研讨会"暨"玉帛之路文化考察活动"总结会上的发言

为期两周的野外考察结束了，整个行程非常紧凑，我们收获很大。在沿途召开的几次研讨会上，大家相互交流了自己不同阶段的想法。今天，我想再谈三点感想。

图47　新疆师范大学民族学与社会学学院刘学堂教授发言

第一，齐家玉器与彩陶传统。众所周知，彩陶是黄河流域史前文明的特质，它沿着黄河进入其上源，通过河西走廊到达天山地区，终结点在巴尔喀什湖。彩陶之路结束了安特生提出的"中国文化西来"说。但是，对彩陶的研究还存在一个问题，那就是先民们制作如此之多的彩陶都是具有实用价值的吗？我们以前在这方面有过研究，但不太深入。这次，我们环祁连山考察，特别是到了河州地区，参观了大量的马家窑文化和半山文化的彩陶之后，我们越发感觉到，彩陶中有相当一部分是祭天祀地的祭器而非实用工具，也就是说，彩陶文化有其特殊的祭祀传统。叶舒宪老师的学生户晓辉很就早写过一本关于这方面的著作——《地母之歌：中国彩陶与岩画的生死母题》，书中认为，这些彩陶很可能是用来祭祀地母神的。彩陶在3000年的时候进入到黄河上游地区，在马家窑发展起来以后，其中相当一部分是祭器。然而，在彩陶的这种独特的祭祀传统中，玉器很少。公元前2000年，这个分布区内突现了齐家文化，齐家文化的彩陶非常少，只有零星的几件，并不是齐家文化的主流。齐家文化陶器的主流是双大耳罐、织金罐和带镂空的斗，以及鼎和鬲，它们和中原地区的关系比较密切。齐家文化缺乏彩陶系统，因此，其祭祀传统很可能与彩陶的祭祀传统不同。然而，齐家文化中发现最多的是玉器。玉是古代中国的国教，它是有神性的，主要用来沟通、祭祀天地，它构成了齐家文化的祭祀传统。所以说，这两种不同的祭祀传统带来了彩陶的发达和玉器的发达。

第二，大视野下的齐家文化。和田玉闻名天下，我在新疆做考古工作二十多年，发现新疆境内有大量的玉料却没有玉器，偶尔在古楼兰地区发现过小的玉斧，但大量的是石斧，我认为这些玉斧并不是有意为之，而是石斧中的一类。那么，为什么在新疆有玉料而没有玉器，对于这个问题，我认为是因为新疆并不是玉祭祀传统。我在新疆发掘的古代遗址、古代墓葬中发现了大量的祭坛，就是在地表修的建筑，用来直接祭祀太阳、月亮。例如，现在社科院考古所正在发掘的阿尔泰清河县三道海子的一个石钟，它是用石头垒的一个建筑，体积巨大，据说是成吉思汗的王陵，经过考察后，我们发现它是欧亚草原上最大的一座太阳神殿，是被直接建造成神殿来与天地沟通的。我们在其他墓地中都也发现了这种用石头做的祭坛，这种现象可能与其祭祀传统有关，它不用玉器沟通天地，而是直接建造建筑，这种现象在西亚、其他地方都能够感受到。例如，两河流域所修的通天塔直接与天地沟通，后来又发现了很多金器，也就是用金做的金树，而不是玉琮、玉璧，所以说，在新疆史前文化中找到这套玉器的可能性很小，也就是其祭祀文化传统不同造成的。

第三，齐家文化与中原文明的起源。刚才，易华研究员已经提到，史前文化的上游地区主要是彩陶文化的大背景，齐家文化在这里得以出现就显得有些突然。齐家文化是一个以玉器祭祀为重点的文化现象，虽然被彩陶文化包围，但影响范围非常大，扩展到了河套地区，甚至四川一带都见到了齐家文化的痕迹，并形成了与彩陶文化相抗衡的局面。这支文化对后来中原地区的夏文华影响深远，然而，正是这种远距离的但又十分密切的关系使人感觉到突然。齐家文化在黄河上源，夏文化在以二里头文化为代表的核心区，将这两者进行对比，我们发现其内在关系非常亲密。这种现象引起了国内外很多学者的关注，但是关于齐家文化的来源，一直都没有太多学者进行更为系统的论证，我只见到了张忠培先生的《齐家文化研究》，但其讨论重点也只是在齐家文化的结构上，对源流考证得不多。

最近，我们找到越来越多的证据，从而认为齐家文化中的很多因素并不是当地起源的，更不可能是东来的，而是西来的，这包括齐家文化中成组的青铜器、金器等，这就促使我们将齐家文化这种在西北地区突现的文化与更西的人群的交流联系起来。当我们在这种大视野下去看齐家文化时，齐家文化的意义就更为深远了。一种文明的起源不是在封闭的环境中完成的，而是在与其他文明的相互碰撞中发展、成熟起来的，所以，在探究中原文明起源的过程中，一定不能忽视这种外来文明的影响，特别是齐家文化与之互动的影响。去年，我在《光明日报》上连续刊发了两篇文章来强调这一点，即我们要拓宽中华文明研究的视野，坚决不能画地为牢。在丝绸之路的大背景下，我们这种以"玉帛之路"为契机的考察研究就体现了这样一种大视野，希望今后还能有幸参加这类活动。

卢法政书记在"中国玉石之路与齐家文化研讨会"暨"玉帛之路文化考察活动"总结会上的发言

能够参加此次活动，我感到非常荣幸。我是中途才加入的，七八天的行程走完了大半个甘肃，感受非常深刻，归纳起来就是几个"想不到"。

第一，想不到甘肃省在史前文化这一块有这么丰厚的底蕴，不来到这里，就无法感受它的魅力。以齐家文化为代表的这种辉煌灿烂的史前文化，充分展现了当时这里先民们的生产生活状态，那就是人口繁盛、经济发达、生活安定。这里还出土了大量的彩陶、祭器，陪葬品等，这些在山东、河南等东部地区是看不到的。以上这些都说明了，甘肃省在史前是有关中华文明发祥的一个非常重要地域。另外，甘肃省境内齐家

图48　卢法政书记讲话

文化分布区中的这些先民最后到哪里去了,他们是融合进华夏民族了,还是西迁至中亚、欧洲,这里就成为了学者研究的一个突破口。如果将这一部分人的去向研究清楚,对于研究中华民族的历史来说是一个重大的贡献。衷心希望在国家如此好的文化形势下,在各位专家的努力下,我们的研究能取得突破性的进展。甘肃省从领导到学界有如此之高的积极性来搞这项活动,新疆作为丝绸之路的一部分也要学习你们的精神,并给予有力的配合。

　　第二,想不到参与考察活动的专家们拥有这样吃苦耐劳的专业精神,这非常使我震撼。这次活动中,专家教授们白天进行野外考察,晚上又继续工作至深夜。我是作为在职公务员受邀参加此次活动的,我们公务员系统与专家学者接触的少,在这次十来天的随团活动中,我深深地为专家学者们的这种吃苦耐劳、为中华民族伟大事业而奋斗的精神所感动,这也是值得我们公务员认真学习的。

第三，没有想到甘肃省的发展如此迅速。上世纪60年代经济困难时期，有很多人从河西走廊移民到新疆塔里木盆地，其中武威可能就有上百万人。因此，没有来过甘肃省的新疆人对这里的实际情况并不了解，并产生了一些偏见。此次，我借着考察的机会走了甘肃的很多地方，发现这里是一个山川秀美、人民勤劳、历史文化悠久、发展迅速的省份。我们去的这些地方，现代化气息都很浓烈。

乾隆到光绪年间以及1924年，甘肃临夏发生了"河湟事变"，当时影响很大。新疆的一部分回民就是这个时候从临夏过去的，从而形成了焉耆回族自治县，这里的人口主要是1924年过去的那部分人组成的。从阿克苏向西到达吉尔吉斯斯坦的伊塞克州，这里有一个大概5 000人规模的回民乡，其人口也是当时从临夏迁徙过去的，那里现在还使用着临夏在清朝末年时期的语言，将"干部"称为"衙役"，"总统"称为"皇上"等。

如今，各民族和谐相处，团结友爱，我所处的阿克苏地区属于民族地区，因此我很注意民族团结方面的内容。比如甘肃省的广河县，这里的东乡族、回族占了人口比例的98%，汉族占2%，是一个多民族相互融合的地区，各民族之间相互团结，人民安居乐业，党的民族政策在这里落实得很好。今年，我所在的阿克苏地区受到伊斯兰教极端势力的影响，经常发生暴力、恐怖事件等不安定的情况，这也使得阿克苏地区成为一个热点地区。原来，阿克苏地区作为阻止"三股势力"（恐怖主义、分裂主义、极端主义）向北传播的屏障，是牢不可破的。有人曾比喻这三股势力的活动在喀什、和田就好像漫漫长夜，而到了阿克苏就好像进入了白天。但是，今年这种情况发生了改变。这主要是由于去年以来，境外反动势力做出政策转变，要在两年内突破阿克苏这个"屏障"，将"三股势力"的破坏活动延伸到阿克苏以北。因此，比起新疆地区严峻的民族形势，甘肃省在这方面处理得很好。伊斯兰极端思潮的传播是由阿富汗、伊拉克，逐步向东推进的。阿克苏地区发生如此多的复杂情况，就是因为阿富汗有很多来自南疆的极端分子参加"圣战"，他们返回新疆后就发动各种暴力事件。

甘肃省不但经济发展迅速，而且民族团结，这些都值得我们阿克苏地区学习。阿克苏地区资源丰富，2000年以后发展迅速。热忱欢迎各位专家、学者到我们边疆地区看一看，也欢迎甘肃的同志能到阿克苏地区多做些经济交流。

郑欣淼部长在"中国玉石之路与齐家文化研讨会"暨"玉帛之路文化考察活动"总结会上的发言

能参加此次"玉帛之路文化考察活动"，我感到很荣幸。我虽然没有走完全程，但是几天的行程下来，有一点使我感受非常深刻，用我的话概括起来就是："在历史考察中，寻找历史，发现历史"。

第一，我认为这次考察很有意义，对这次考察的主题很感兴趣。首先，故宫的藏品中最多的是陶瓷，有36万件，对这些陶瓷的研究，我们聘请了海内外的一些专家。其次，故宫所藏书画比较多，有15万件。我们成立了古书画研究中心，这个中心是面向海内外的专家学者的。再次，故宫藏有青铜器1.5万多件，而这个数量也只是出土的、传世的、国内外收藏总数的1/10。其中，有铭文的有1 500多件，台北故宫有440多件，我们两家曾联合召开过一个新闻发布会，以说明这些带有铭文的

图49 原文化部部长郑欣淼先生发言

青铜器的重要性。最后，故宫博物院藏有3万多件玉器，对每一个时代的珍品都有所收藏，特别是明清时期的玉器，尤其是清代的玉器藏有很多。杨伯达先生多年来致力于玉文化的研究，我很支持，也很佩服，因为我们不能就器物而研究器物，还要研究其文化，研究器物本身所蕴含的历史、故事等，这也是我提出"故宫学"的原因。例如，有关玉玺，从秦始皇传国玉玺到明代帝王发号施令所用玉玺，这些真正国家的宝器一件也没有找到，而清代的二十五宝则完整地传下来了，它们主要是用玉制作而成的。我们所要关注的就是这些宝器和宫廷历史文化之间的联系，而不能孤立地看待它，杨先生将这一点提高到了玉文化的层面。杨先生视野非常宽广，他不仅关注这些清宫玉器，还和考古发掘联系起来，和中华文明的发展联系起来。因此，我认为，要推动"故宫学"的发展，对故宫藏玉的研究是非常重要的一个方面，希望我们的学术活动以后能和故宫衔接，双方共同合作是很有意义的。齐家文化的研究是有关中华文明起源的研究，国家为此立过重大课题，并取得了阶段性的成果，不同的人从不同的角度去研究，这是更有利于学术发展的。

"大传统"的概念提出后，我也有所关注，这个概念是从中华文明的发展历程方面来界定的。这个概念最先是由美国人类学家罗伯特·雷德菲尔德提出的，是一种二元分析的框架，目的是用来说明在复杂社会中存在的两个不同文化层次的传统，即以上层精英知识分子为代表的"大传统"，和以下层普通大众（主要指农民）为代表的"小传统"。我所提出的"故宫学"有四个关键词，第一个是"大文物"，它是指故宫的所有文物都是有价值的。第二个是"大故宫"，我们不能只看到72万平方米的故宫本体，还要看到与之相关的陵寝、坛庙、寺观、园囿等，它们与故宫一起都是受皇家统一设计、统一管理的文化统一体。第三个是"大传统"，我这里所指的"大传统"是从罗伯特·雷德菲尔德提出的"大传统"的本意上延伸出来的，特指中国封建社会的末期，是明清这几百年的历史。当然，它是不能与中国文明的长河割断的，但它又有其特殊性。明清时期的皇家文化、故宫文化应该属于上层文化，现存的这些器物、宫殿等都是当时的观念、典章制度的物化存在方式。与此同时，皇家文化和民间文化有结合的部分，主流的汉民族文化和其他少数民族文化也有结合的部分，例如故宫中的园林。明朝的皇帝不是很注重园林，清代游牧民族入主中原后才带来了园林文化，修建了许多宫苑，并且将南方的建筑风格带到故宫，这就体现了多民族、多文化相互交流的作用，从这种文化的价值上就体现了"大文化"和"大传统"关系。第四个是"大学科"，这一点不言而喻。从实践来看，这个课题具有重大的价值，有关专家也进行了长期的研究，并取得了引人注目的成果，本次考察对丰富他们研究的成果、完善他们的理论观点将起到重要的作用。我相信这是一次很好的开端,对以后的研究是有积极意义的。

第二,我感到甘肃的同志非常重视这次活动,甘肃省委宣传部、甘肃省文物局、西北师范大学,以及所到之处的地方党委及政府都很支持。我认为这是有多方面的原因作用的结果,包括大家对传统文化的热爱以及整个社会的文化氛围,但其中不能忽视的一点是,我们所研究的是甘肃当地的文化,是陕、甘、青共同构成的这片西北地区的历史、文化。西北地区在历史上对中华文明的发展做出过重大的贡献,我们是生活在这片土地上的子孙,有责任研究它。在座的一些专家学者可能和我一样,不一定对齐家文化有深入的研究,但是大家都抱着一种使命感来完成这项工作,我认为这是一种自信力,也是一种自豪感,更是一种责任感的体现。在这个过程中,我们更多的是学

图50　郑欣淼先生在肃南与裕固族少女合影

习。在本次活动中，让我非常感动的一点是，定西众甫博物馆的刘岐江馆长对于传统文化的热爱以及保护，并为之付出的巨大努力。刘先生是以企业发家，本可以从事其他相关的事业，但他却钟情于这些文物，不仅收藏，而且研究，他本人朴素得就像齐家的玉器一样，传达出了一种玉的精神。所以，我感到中华民族光辉传统的一面仍然在我们这片土地上传承，仍然是我们的主流，值得我们去发扬光大。热爱这片土地，热爱在这片土地上创造出的灿烂文明、优秀传统，这也是我们从事研究工作的最终宗旨和意义，是对中华文明精神的一种传续。

第三，我想就这次活动的组织方面的相关工作表达一点想法。我们的团队中有叶舒宪先生、易华先生、刘学堂先生等几位专攻这方面的有成就、有影响的专家，还有其他领域的朋友。我们这次的活动充分展现了学术的研究、传播，以及大众化。不同职业、身份的人承担着不同的责任，最终，将深奥、专业的学术内涵以通俗、生动的方式向大众传播，以达到更好的文化普及作用。另外，我深刻地感受到我们这次考察活动是真正意义上的学术研究的一部分，而不是借着考察的名义游山玩水。参与者都是认真、严肃的，并按照既定的目标阶段式地举行研讨会。同时，新闻媒体也及时地发布了一些见解、成果，让我们的活动被社会大众所了解、关注。

我是在偶然的情况下认识了本次活动的组织者——冯玉雷先生。前年，冯先生到敦煌来聘请我当《丝绸之路》杂志的顾问，我欣然答应了。我认为"丝绸之路"这四个字代表了一种开放性的、国际性的、世界性的态度，其本质内涵就是文化的世界性交流，所以，我认为一定要将《丝绸之路》杂志办好。甘肃也有一些很好的其他刊物，比如《读者》，它是面向社会大众的，对读者的构成是一种开放的态度，但《丝绸之路》是相对"小众的"，它需要一定的文化品位。我认为一本杂志的"大"和"小"与其所处区位有关，但这并不是决定性的因素，《丝绸之路》可以立足于甘肃，最终将其影响扩展为世界性的。对此，冯主编也做出了很大的努力，组织了很多活动，虽然过程艰辛，但最终都得到了大家的认可，这也体现了冯主编的能力，希望这个刊物能越办越好。

丁虎生副校长在"中国玉石之路与齐家文化研讨会"暨"玉帛之路文化考察活动"总结会上的发言

今天，"玉帛之路文化考察活动"圆满完成，我虽然没能参加这次考察活动，也并没有关于这次考察课题的相关专业知识，但我非常关注这次活动，而且感慨良多。

第一，就是关注和感动。关于这个项目，丝绸之路杂志社主编冯玉雷已经做了很长时间的前期准备工作，我也受邀参加。但是非常遗憾，因为工作及专业的关系，我并没有参与活动过程。但我是一个关注并喜欢历史文化知识的人，对相关的文化探究比较好奇，对这种田野调查式的考察活动很感兴趣。自从考察团队从西北师大出发后，我每天都通过新闻媒体关注考察活动的最新进展，并将这些有关行程的报道整理、打印出来，约2万余字，每天都在读、在看。对各位专家所走过的每一个地方，所看到的每一样文物，以及发出的每一个感慨、观点，我都非常认真地学习体会。我为各位专家的吃苦耐劳的专业精神而感动。这些天来，通过各种新闻报道以及大家所写的文章，我看到各位不畏天气炎热，在沙漠、戈壁中赶路。这种艰苦奋斗、勇于吃苦、忘我追求的专业精神，我深深为之震撼。另外，本次考察活动的行程走的是我家乡的路线，看的是我家乡

图51 西北师范大学丁虎生副校长将有关行程的报道打印、装订成册,每天阅读、关注

的历史文化遗存,我更为之感动。甘肃省的历史文化遗存非常多,但是其中很多由于我们的无知而被破坏了,例如武威皇娘娘台遗址被开发商搞得找不到了,我们对此都感到非常遗憾。但是我又意识到,在我们甘肃的这片土地之下还可能埋藏着更多的历史文化遗存,通过专家的考察,将这些历史遗存发掘出来,使我们能提前做一些相关的规划、保护工作,这对我们的子孙后代来说具有重大的意义。所以,当我从一个甘肃人的角度来看专家们艰辛的田野考察工作时,尤为感动。

第二,作为一个关注者的几点感受。首先,我觉得这次考察活动虽然时间短、人数少,但它却是玉石之路的发现之旅。玉石之路是丝绸之路的前身,它并不仅仅局限于玉石这种器物的交流,同时凝聚着国家意识形态、民族的价值观、个人的人格追求,对玉石之路历史的追寻,实质是对华夏文明的探源工程。这次考察活动是华夏文明精神本源的探索之旅,是在寻找我们的思想根源、人格品质的根源,是非常了不起的一项活动。其次,这是一次学术领域的拓展之旅。目前,在玉石之路研究这个领域,产生的成果还是很少的。我非常欣赏这种纯学术性质的考察活动。通过查阅资料,我了解到,我们国家过去在学术领域拥有一些非常好的田野调查、社会调查的优秀传统,但这些传统有一段时间丢失了,至今也没有受到足够的重视。民国时期,绝大多数学者都是在具体的实践中进行学术研究的,例如我们学校的黎锦熙先生。这些学者当时的考察手记、文章等都对我们现在的研究工作有非常大的启发作用,是非常重要的学术资料。所以说,有这么一批学者,在甘肃这片广袤的土地上来寻找史前的历史文化遗存,我认为这是开拓学术领域的拓展之旅。另外,这次活动还将网络、电视等传播媒介充分地利用了起来,这是对学术研究过程与成果的及时传播的新方式,也进一步拓展了现代科学研究的方法。关于本次活动,有很多经验可以总结并推广。

第三,西北师大的责任。作为这项工作的初创者、发动者,西北师范大学将"玉帛之路"的研究工作作为丝绸之路杂志社与华夏文明传承创新研究的重要内容,列入学校重要的工作计划中,并不断加强。连辑部长提出,这项研究要常态化,要坚持下去,而且要搭建平台。西北师范大学已经决定要积极搭建这项研究的平台,也请各位专家多提意见、建议,我们争取尽快地将这项研究的平台搭建起来,将组织工作做好,成为"丝绸之路"研究以及玉石之路研究的"大本营",给大家提供好服务。另外,我们要集中精力,建设、整理好关于这方面研究的资料,将学校关于"玉帛之路"研究的资料做好充分的准备。

希望在各位专家的考察研究成果出版之际,我们再邀请各位专家学者相聚西北师范大学,届时,我们除了庆祝研究成果出版之外,将会在学校安排更大范围的学术报告,将我们的研究成果、研究精神传递给年轻的学生们,以此来传播我们的影响,扩大我们的队伍,使我们的这项研究成为前景广阔、成果丰硕的领域。我们的这项研究活动开辟了一个新的领域,具有排头兵的作用。作为这项工作的初创者、发动者,我们一定要将它做好。

四 新闻报道

1.《丝绸之路·"中国玉石之路与齐家文化研讨会"暨"玉帛之路文化考察活动"专刊》(2014年第19期,总第284期)。

专刊全方位报道、介绍本次活动,包括启动仪式、专家考察手记、总结会等各个方面。

图52 丝绸之路·"中国玉石之路与齐家文化研讨会"暨"玉帛之路文化考察活动"专刊

图53 "中国玉石之路与齐家文化研讨会"暨"玉帛之路文化考察活动"目录

2.《兰州晨报》对"中国玉石之路与齐家文化研讨会"暨"玉帛之路文化考察活动"的报道。

"玉帛之路文化考察活动"昨日在兰启动

中国兰州网7月14日消息（首席记者　雷媛）为期两周，绵延几千公里的"玉帛之路文化考察活动"于7月13日正式在兰州启动。此次考察活动被视为是对史前文化——齐家文化的一次再发现之旅，也是寻找一条弘扬"丝绸之路"更深厚根脉的再发现之旅。

发源于新石器时代早期而绵延至今的"玉文化"是中国文化有别于世界其他文明的显著特点。目前，国内有些学者根据从甘肃、青海等地区齐家文化等其他史前文化遗址出土的和田玉器等资料分析，推测很可能在五六千年前就有了"玉石之路"的雏形。

096

"玉石之路"在汉武帝时被重新开发利用，张骞两次出使西域所走的这条"丝绸之路"正是在古代的"玉石之路"上拓展出来的。

近年来，著名学者叶茂林、叶舒宪、易华等通过对文献资料的研究和田野考察，认为华夏文明的"DNA"就存在于影响至今却被人们长久忽视的玉文化中。尤其是得名于甘肃广河县齐家坪新石器时代文化遗址的"齐家文化"，以发现遗址多，出土陶器、玉器等文物数量大而闻名于世，引起了国内外学者的高度重视。

据悉，考察团从兰州出发，沿武威、民勤、山丹、民乐、张掖、玉门、瓜州、敦煌、玉门关、德令哈、青海湖、西宁、临夏、广河、临洮、定西一线，主要围绕齐家文化遗址以及更早的马家窑文化遗址进行考察。考察团成员、中国文学人类学研究会会长、中国民间文艺家协会副主席叶舒宪表示，齐家文化的重要意义主要为它是"丝绸之路"的前身，并作为"丝绸之路"的前身向中原传输玉石。而此次的考察也将把中国学者提出的近二三十年的"玉石之路"的名记"落地"。考察活动结束后，参与考察的各位专家、学者将集结出版各自的考察笔记，形成学术著作，并最终由甘肃人民出版社出版。

当日，"中国玉石之路与齐家文化研讨会"一并召开。此次研讨会也是国内第一次以"齐家文化"为旗帜而进行的齐家文化研讨会。研讨会上，来自我省以及全国的长期致力于华夏文明、玉石文化以及丝绸之路方面研究的专家就共同研究、挖掘、弘扬"玉石之路"、"丝绸之路"的深刻文化内涵进行了交流研讨。

"玉帛之路"：一次文化再发现之旅

2014年08月14日 15：22

来源：兰州晨报（兰州）　　作者：雷媛

这一次重走"玉帛之路",不是一次单纯的行走。

从兰州出发,绵延4 300多公里的征途上,围绕史前文化——齐家文化遗址而进行的探索和发现贯穿始终,为期两周的考察取得了重要成果。

有学者断言:这是自周穆王和张骞以来,第三次官方派出的西玉东输实地考察团,其所探索和发现的意义不言而喻。

一路向西

七月流火。

车过乌鞘岭时,冯玉雷感到了一丝凉意。车窗外,满目葱绿。拿起手机,连拍几张后,冯玉雷把照片发到微信朋友圈里。2009年以来,写长篇小说《野马,尘埃》时,作为作家的冯玉雷长年累月地在河西走廊遨游,没想到,在小说即将出版之际,他又带领一个由原文化部副部长、故宫博物院院长郑欣淼,中国社会科学院文学所研究员叶舒宪,考古学家刘学堂,收藏家刘歧江,人类学博士安琪等十多人组成的考察团热火朝天穿越河西走廊。

这一天是7月13日,"玉帛之路文化考察团"从兰州出发后一路向西,几小时后抵达了民勤。

冯玉雷现为丝绸之路杂志社社长、总编,他是此次考察活动的发起人。"近年来,著名学者叶舒宪、易华等通过对文献资料研究和田野考察,认为华夏文明的'DNA'就存在于影响至今却被人们长久忽视的玉文化中。尤其是得名于甘肃广河县齐家坪新石器时代文化遗址的齐家文化。"冯玉雷说他们此次行走的4 300多公里,主要围绕齐家文化遗址进行考察。

沿民勤、武威、山丹、民乐、张掖、高台、玉门、瓜州一线,深入民勤三角城、沙井子柳湖墩、罗什塔、山丹峡口古城、四坝遗址,民乐东灰山、西灰山遗址,西城驿遗址,高台地埂坡遗址,玉门火烧沟遗址等地。西北师大赵逵夫教授将冯玉雷他们的这一次"玉帛之路"评价为"是对齐家文化的一次再发现之旅"。

因为致力于齐家文化与夏之关联的研究,中国社科院研究员易华近几年来常在西北走动,这一次多学科学者集体考察机会,于他而言不仅难得,更是大有获益。"在学术界,夏朝或夏国位于西北几成定论。甘肃一些地方学者的研究,有许多不约而同之处,也是有力的证明。这一次在临夏见到的马志勇就收集了大量资料证明临夏是大夏文化核心区。我们俩一见如故,无保留地交换了心得和资料。眼下马志勇已完成了一部论述大夏文化的书稿。这将促使我更快更好地完成'齐家华夏说'"。

定西众甫博物馆是一所私人博物馆,是馆长刘歧江于2007年创办的,刘歧江收藏齐家文化玉器已二十多年了。在长期的收藏经历中,刘歧江发现齐家文化玉器中存在很多精美的新疆和田玉制作的玉琮、玉璧、三合玉璧。而每当收藏到这些和田玉质的齐家玉礼器时,刘歧江时常想的一个问题就是:"这和田玉远在千里之外,古代先民是如何将它们运送而来?"

对于此,刘歧江曾听到过很多种解释,这一次加入"玉帛之路",他想听到来自学界专家的解释。

西行至张掖,站在半边坍塌的烽火台边,眺望着黑河和合黎山时,冯玉雷听到了一个故事:几年前,有对青年男女爬上合黎山陡峭山顶的烽火台,却不敢下来,结果饿死了。男的支撑了五天,女的支撑了七天。

故事让考察团的队员们嘘唏不已,大家纷纷做各种猜测。返回驻地的当晚,冯玉雷在他的考察手记里,写下了自己的猜测:"我宁愿相信他们是为了到达最高处,眺望远处的风景。我宁愿相信他们沉醉于眺望中,不知不觉倒下……"这样的文字似有所指,也是,冯玉雷他们的"玉帛之路",难道不也是为了到达最高处而眺望远处的风景吗?

意外之获

抵达瓜州后,原定考察路线做了重大调整:敦煌被放弃了,而瓜州的两个小地方——兔葫芦文化遗址和大头山却被"锁定"了。

"原初的路线图设计是根据众所周知的常识拟定的,以敦煌以西的玉门关为考察的最远目标地。在抵达瓜州那天,与当地文物工作者李宏伟等人交流,获益匪浅,当下决定暂不去敦煌'凑热闹',而是锁定瓜州的两个新目标"。在甘肃省华夏文明传承创新项目咨询专家组成员、中国社会科学院比较文学中心主任叶舒宪看来,瓜州这两个新目标的考察是此行最大的意外收获。

"7月19日的考察让我们意识到瓜州双塔村附近的兔葫芦遗址,对于西玉东输运动有枢纽性意义,并由此引发对游动的玉门关的理论思考。而20日的考察了解到甘肃边地也蕴藏着重要的玉矿资源,其玉质虽然达不到新疆和田玉的优秀精美,其通往中原国家的路线却比新疆和田昆仑山一带要近一千多公里并且更好走。这就使得对西玉东输的玉源方面认识,突破单一的新疆和田玉局限,带来更广阔的思考和研究空间"。

说起此次考察深入过的数十个遗址,叶舒宪印象最深的遗址还是兔葫芦遗址。该遗址位于西玉东输的三岔口位置,通往新疆的两条路线即敦煌道和伊吾道的交会处,这里存在自史前至汉唐元明清各代的文化遗存。"像这样延续数千载而存在的边关要塞文化,十分类似于锁阳城遗址,后者因为留下地上建筑遗迹而名满天下,前者则没有留下地上建筑并已被沙漠沙丘所覆盖,处在不为人知的状态,更加具有研究价值。"叶舒宪说。

踏访大头山——一座古今都不见记录的白玉山的时候,叶舒宪像走入幻境的孩童,不断追梦。

7月20日中午时分,靠着带路者的记忆,叶舒宪一行经过两个小时的车行,追踪着每一个岔道口上的可行途径终于来到一个山口前,于是全体下车步行搜索入山。据说好玉都在山里面。

后来,叶舒宪在考察手记中详细记述了当日寻宝玉的过程:"烈日当头,酷热难挡。西部高原上沙漠的干燥似乎要夺取所有生物体内的一点点水分。用瓜州县县长的话说:此地年降雨量45毫米,年蒸发量3 140毫米。就在考察团沿河沟进入大头山中却不见宝玉进退维谷的境况下,犹如神助,我们当下决策:放弃入山打算,抓紧时间反向行走,向着水流曾经淌过的下游方向搜索。走到山下平缓地带,果然逐渐有一些散碎玉石,被冲击到坡地上,俯拾即是。原来在乱石嶙峋的地表上不易找到好的玉石,反倒是在河沟边沙地上,容易看到水流冲刷出来的玉石。大家重新打起精神,分头捡拾起来……"

快要返程的时候,叶舒宪在地上看到一块深褐色的石头,拿铲子挖出来一看,原来是带深褐色表皮的玉石,玉石的里面呈现着白色。不是那种雪白和煞白,而是带一些乳白色的。再顺着地面延伸开去,竟然到处都是带皮色的白玉块。顾不上吃饭,叶舒宪加快速度挖取玉石,用随身携带的布袋装起来,还招呼队友们"快来捡籽料吧,带皮色的小块为好。"话音一落,大家一阵激动,有的放弃食物,加入拾宝的行列;有的还是半信半疑,不停问:那不是石头吗?有价值吗?

"原来《山海经》中所记140座产玉之山中有一少部分山,注明其出产的玉种是'白玉'。在2004年出版的《山海经文化寻踪》中我们注意到古人对产玉之山的特殊关注,却没有意识到西周以来的白玉崇拜形成,使得中原文明自东周到汉代白玉产品日益发达的情况。若不是这一天的亲身经历,谁会知道《山海经》作者的叙述是不是子虚乌有呢?"从大头山回来,叶舒宪在考察手记中发出了这样的庆幸之叹。

考察成果

在武威,易华发了一篇《救救皇娘娘台遗址》的微信,引起了很大反响。

"据说当地政府有关部门正在采取行动。希望能坏事变成好事"。结束考察已回北京的易华在接受本报记者采访时说,看到遗址被建筑垃圾包围和部分掩盖,却没有任何齐家文化遗迹和文物保护标志的景况,令人心痛。要知道,皇娘娘台遗址作为甘肃三大齐家文化遗址唯一幸存者,具有无可比拟的学术价值和历史意义。"这一令人啼笑皆非的境况意味着齐家文化在甘肃是被严重忽视的"。

易华说,齐家文化由安特生发现并命名,由夏鼐更订了年代,已蜚声国内外。法国白寇琳出版了世界上第一本齐家文化专著。目前国际考古学界已公认齐家文化是中国最早的青铜文化,剑桥大学出版社《中国考古学》正式将齐家文化列入青铜时代。《中国考古学夏商卷》代表了国内考古学界的基本意见,齐家文化是夏商时代西北地区最重要的青铜时代文化。"夏商周断代工程"研究表明二头里文化比原来认可的年代晚了二百多年,表明二里头文化不可能是夏代早期或中期文化。"中华文明探源工程"开始将注意力转移到边疆地区。最新研究表明齐家文化最可能是夏代早期或中期文化。

"武威皇娘娘台亦称窦融台、尹夫人台。西汉末年,窦融据河西，政绩卓著，凉州人建祠纪念，称窦融台。尹夫人是东晋十六国时期西凉国王李暠的妻子，唐太祖李渊是其七世孙。李渊为了纪念他们的祖先，遂在尹夫人台的基础上修建了尹台寺，后人遂称尹夫人台为皇娘娘台。此遗址是甘肃近四十年前正式发掘的三大齐家文化遗址之一，1957—1975年曾进行4次系统发掘，住址、窖穴和墓葬齐全，两次在《考古学报》上发表发掘报告，是齐家文化最重要的代表性遗址。该遗址出土了30件铜器，有锥、刀、凿，是中国成批出土年代最早铜器。皇娘娘台成批铜器的出土表明中国西北地区率先进入青铜时代。"易华说。

《夏羊小考》是易华考察途中发表的另一篇颇受关注的微信。

从首站武威开始的半月之余的行进中，南方人易华完全习惯并喜欢上了西北的羊肉。

他说，这一次所到之处不一定能见到羊，但必有羊肉可吃，以手抓肉羊为多，黄焖羊肉、葱爆羊肉亦不少。每一个地方的主人都说本地的羊肉最好吃。直到在齐家文化核心分布区临夏永靖的刘家峡水库边王家坡齐家文化遗址，易华与羊才有了亲密接触。随即他就在微信上发了《夏羊小考》，由《尔雅》《本草纲目》说起，引经据典，阐述一个还是与齐家文化有关的中心——齐家文化时代或夏代中国就开始养羊，因此绵羊被称之为夏羊。至今西北地区普遍牧养绵羊，正是齐家文化或夏代养羊传统的继续。

从一开始，冯玉雷就发起"玉帛之路"的目的态度明确：此次行走，不是重走某人的路，还是一种发现。

"本次考察活动取得了重要成果，其学术上的突破意义主要体现在实现了从玉石之路是否存在的笼统性认识，到对其有了深入具体认识的飞跃。"冯玉雷写在总结中的这些文字，还有叶舒宪的考察收获——"对新疆以外的甘肃青海玉石资源输入中原国家的情况,有了较为明确的认识,这对发展丝绸之路经济带能够提供具有理论创新性的学术支持。"以及易华的"地方风物与民间传说有力地佐证了齐家文化与华夏文明有千丝万缕的联系——武汉古称凉州,既是'大夏辅郡''畜牧甲天下',又是齐家文化的重要据点。张掖大佛寺是西夏国寺,又流传大禹治水传说。瓜州兔葫芦遗址很可能是吐火罗或大夏活动的地方。实地调查为研究齐家文化与华夏文明之关联提供了许多新鲜证据。"显然,这些都是"玉帛之路"不是一次简单的行走的佐证。

眼下,冯玉雷正埋头于写作中。按照计划,到今年年底,参与考察的各位专家、学者将集结出版各自的考察笔记,将由甘肃人民出版社出版发行。除此之外,他还在着手甘肃"玉文化论坛"以及成立中国人类学研究会甘肃分会等事宜,在冯玉雷的工作日志中,还有很多的文化大事是建设华夏文明传承创新区中可做、能做和必须做的,而"玉帛之路"仅仅只是一个开始。

3. 每日甘肃网对"中国玉石之路与齐家文化研讨会"暨"玉帛之路文化考察活动"的系列报道:

随团记者孙海芳的考察日记:
《孙海芳. 中国玉石之路与齐家文化研讨会在西北师大举办》
《孙海芳. 玉帛之路田野考察团之感受甘肃民勤沙井文化》
《孙海芳. 玉帛之路考察之第三日:穿越千年　山丹四坝》
《孙海芳. 玉帛之路考察之第四日:民乐县东灰山、西灰山遗址》

[玉帛之路考察手记]郑欣淼:在考察中寻找历史、发现历史
能参加此次"玉帛之路文化考察活动",我感到很荣幸。我虽然没有走完全程,但是几天的行程下来,有一点使我感受非常深刻,用一句话概括就是:在考察中寻...
gansu.gansudaily.com.cn/system/2014/... 2014-8-21

本土电视纪录片《玉帛之路》开播-玉帛之路-每日甘肃-兰州晨报
每日甘肃网-兰州晨报讯(首席记者雷媛)日前,由武威市广播电视台和《丝绸之路》杂志社联合创制的四集电视纪录片《玉帛之路》在武威电视台开播。《...
lzcb.gansudaily.com/system/2015/0... 2015-7-6

【文化甘肃】玉帛之路:一次文化再发现之旅-文化甘肃|玉帛之路-...

玉帛之路文化考察团。图片由《丝绸之路》杂志社提供 这一次重走"玉帛之路",不是一次单纯的行走。从兰州出发,绵延4300多公里的征途上,围绕史前文化...
gansu.gansudaily.com.cn/system/2014/... 2014-8-14

玉帛之路田野考察团之感受甘肃民勤沙井文化(组图)-玉帛之路|考察|...

玉帛之路田野考察团一行合影。 每日甘肃网讯(特约记者 孙海芳 文/图)7月14日晨,玉帛之路田野考察团自民勤县城出发,前往县城东北红沙梁乡约10公里的...
gansu.gansudaily.com.cn/system/2014/... 2014-7-15

玉帛之路考察日记第八日:第二次研讨会(图)-玉帛之路|考察|每日...

每日甘肃网讯(特约记者 孙海芳 文/图)七月二十一日上午九时,在瓜州博物馆召开了此次玉帛之路田野考察的第二次座谈会议。原文化部副部长、故宫...
gansu.gansudaily.com.cn/system/2014/... 2014-7-22

"玉帛之路文化考察活动"昨日在兰启动-玉帛之路|文化-每日甘肃-...

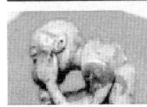

每日甘肃网-兰州晨报讯(首席记者雷媛)为期两周,绵延几千公里的"玉帛之路文化考察活动"于7月13日正式在兰州启动。此次考察活动被视为是对史前文化—...
lzcb.gansudaily.com/system/2014/0... 2014-7-14

图54 每日甘肃网报道玉帛之路文化考察活动相关新闻1

《孙海芳.玉帛之路考察之第五日:高台黑水国遗址、地埂坡古墓遗址》

《孙海芳.玉帛之路考察之第六日:在瓜州考察兔葫芦遗址》

《孙海芳.玉帛之路考察之第七日:探寻瓜州地方玉料》

《孙海芳.玉帛之路考察之第八日:第二次研讨会》

《孙海芳.玉帛之路考察之第九日:穿越祁连山 探寻祁

玉帛之路考察日记之第十二日:广河 第三次研讨会(图)
每日甘肃网讯(特约记者 孙海芳 文/图)7月25日 简单吃过早饭,玉帛之路考察团从临夏出发,赴广河县齐家坪考察齐家文化。齐家坪遗址是一处新时期晚期
gansu.gansudaily.com.cn/system/2014/... 2014-7-27

"中国玉石之路与齐家文化研讨会"暨"玉帛之路文化考察活动"总结
西北师范大学《丝绸之路》杂志社、定西众甫博物馆、武威市广播电视台承办的"中国玉石之路与齐家文化研讨会"暨"玉帛之路文化考察活动"启动仪式在西北……
gansu.gansudaily.com.cn/system/2014/... 2014-7-31

玉帛之路考察日记之第七日 探寻瓜州地方玉料(图)-玉帛之路|考察|
玉帛之路考察日记第七日 探寻瓜州地方玉料(图) 作者 孙海芳 文/图 稿源
每日甘肃网2014-07-21 08:50 每日甘肃网讯(特约记者 孙海芳 文/图)……
gansu.gansudaily.com.cn/system/2014/... 2014-7-21

玉帛之路考察第五日:高台黑水国遗址、地埂坡古墓遗址
每日甘肃网讯(特约记者 孙海芳 文/图)七月十七日晨,玉帛之路考察团一行从张掖市出发,在市区瞻仰了原皇家寺院——大佛寺的风雨历程后,驱车奔赴高台县。
gansu.gansudaily.com.cn/system/2014/... 2014-7-18

图55 每日甘肃网报道玉帛之路文化考察活动相关新闻Ⅱ

连玉》

《孙海芳.玉帛之路考察之第十日:青海的卡约文化》

《孙海芳.玉帛之路考察之第十一日:大夏河畔寻找齐家文化》

《孙海芳.玉帛之路考察之第十二日:广河　第三次研讨会》

《孙海芳.玉帛之路考察之第十三日:定西　总结会离别时》

考察团专家手记:

《易华.救救皇娘娘台遗址》

《刘学堂.站在东灰山上》

《安琪.贝影寻踪》

《冯玉雷.远眺的诱惑》

《叶舒宪.金张掖? 玉张掖?》

《孙海芳.远古埙声》

《徐永盛.文化的格局》

《叶舒宪.重逢瓜州日　锁定兔葫芦》

《叶舒宪.游动的玉门关——从兔葫芦沙丘眺望马鬃山》

《刘学堂."兔葫芦"与"吐火罗"》

《易华.探索华夏文明　聚焦齐家文化》

《易华.夏羊小考》

《叶舒宪.大头山圆梦》

《叶舒宪.永靖王家坡　黄河岸边邂逅齐家玉》

《郑欣淼.在考察中寻找历史　发现历史》

《冯玉雷.探源华夏文明　厘清核心价值——"中国玉石之路与齐家文化研讨会"暨"玉帛之路文化考察活动"总结》

除以上新闻媒体的报道之外,新华网甘肃频道、凤凰网、中国社会科学网、《定西日报》等网站也对本次活动进行了宣传报道。

第三章

环腾格里沙漠文化考察活动

图56　考察团在石空大佛寺边的烽火台下

2015年初,上海交通大学致远讲席教授、中国文学人类学研究会会长叶舒宪先生与内蒙古社科院包红梅博士积极联系,为推进内蒙古社科院2015年"草原之路"调研项目计划路线(单程),设定初步计划。西北师范大学丝绸之路杂志社冯玉雷社长作为项目小组成员组织杂志社内部人员,开展先期草原"玉石之路"考察——环腾格里沙漠考察。此次考察是"玉帛之路"系列的第三次考察,全程约3 600公里,历时8天。

考察时间:2015年2月3—10日

考察人员:　冯玉雷　丝绸之路杂志社社长、总编辑

　　　　　　　杨文远　丝绸之路杂志社副主编、采编部主任

　　　　　　　刘　樱　丝绸之路杂志社副主编、美编部主任

　　　　　　　瞿　萍　丝绸之路杂志社文化版编辑

军　　政　　人类学资料记录者、摄影助理

考察过程：

2月3日上午11：35，考察团从兰州出发，上高速，一直向北，沿201省道，经中川、陶家墩、五道岘、砂梁墩、甘露池、砂河井、双墩、小甘沟、英武、大水闸、永川，到达位于景泰县城西南27公里的永泰古城（又名"龟城"）。永泰龟城南依寿鹿山（又名"老虎山"），东北接永泰川，西临大砂河，为河西走廊东端门户。城墙上设12座炮台、4座城楼，城下有瓮城、护城河。整座城池形似乌龟，故名"龟城"，建成后即成为军事要塞，兰州参将在此驻扎。城南北两侧指向兰州、长城方向分别建有绵延数十里的烽火台。

图57　永泰龟城 I

图58　永泰龟城 II

　　2月4日上午，由于雪天，考虑到安全问题，考察团与景泰三馆（文化馆、博物馆、图书馆）馆长沈渭显在宾馆里围绕景泰历史文化、灵州道及骆驼客相关情况进行交流。午饭后，考察团在沈渭显馆长的带领下考察了媪围古城、五佛寺、会宁关。媪围是汉武帝在景泰设立的"丝绸之路"西过黄河的首个重镇。五佛距景泰县城20公里，五佛寺又名沿寺，因窟内塑有五尊大佛像和千尊小佛像得名，位于景泰县五佛乡黄河北岸，开凿于北魏，唐、宋、元、明、清续修；这里是中原同蒙古贸易往来的主要船渡码头，也是蒙古食盐集散地，故又名盐市、盐寺。会宁关渡原名乌兰津，是当时全国十三个中关之一，也是当时"丝绸之路"上最重要、繁忙的渡口之一。

　　2月5日，考察团参观了景泰县博物馆，并在沈渭显馆长的带领下考察白墩子盐池、蒙汉界碑、营盘水及"北大路"。白墩

图59 会宁关遗址

图60 五佛沿寺古渡口

图61　五佛沿寺

子盐池紧靠腾格里沙漠南缘，是西来丝绸之路的岔路口。营盘水地处甘、蒙、宁三省交界处。考察团在甘肃营盘水"胜胜饭店"用完餐，接着去内蒙古营盘水（属于温都尔勒图镇的一个小村）探访盐道，然后前往宁夏营盘水采访85岁高龄的骆驼客白志云老人。紧接着，考察团在沈渭显馆长的带领下考察八袋子水烽火台。下午16:00，考察团与沈馆长分别，沿201省道前往宁夏中卫。从中卫开始考察团逐渐折向西北，走青铜峡、吴忠、灵武、银川一线。

　　2月6日早晨，考察团驱车离开中卫，沿着201国道前往银川。出城不久，过胜金关收费站，进入镇罗地界，意外发现路边有座形似犀牛扑水的高大山头，上有烽火台和长城遗址，即胜金关。随后，考察团考察了位于中宁县余丁乡集镇区东北角2公里处的双龙山南麓和金沙村界内的石空大佛寺。石空

景泰县博物馆藏汉代铜镜

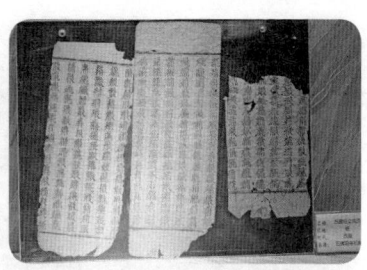
景泰县博物馆藏西夏经文残页

景泰县博物馆藏新石器时代彩陶

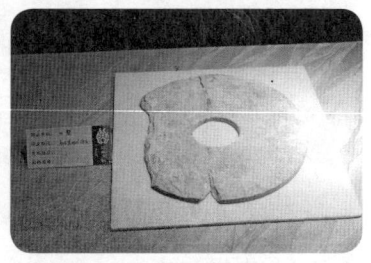
景泰县博物馆齐家玉璧

图62　景泰县博物馆

图63　白墩子盐池

图64 冯玉雷社长和景泰县博物馆沈渭显馆长在白墩子烽火台

寺石窟被称为"丝绸之路上的小敦煌",洞窟、造像、壁画残体与敦煌多有相似之处,是一处影响深远的佛教文化重地。大约午饭时分,考察团离开石空镇,经白马湖、广武村、旋风槽、陈袁滩等地到达青铜峡市郊。考察团停车,观察一阵周边地理环境,然后过吴忠叶盛黄河大桥,到达吴忠市。由于时间所限,考察团继续走201省道,前往贺兰山考察岩画。

2月7日,考察团前往贺兰山三关口,与内蒙古作家协会张继炼副主席汇合。随后,考察团在张主席的带领下登山考察明长城残体。冯玉雷社长拿出手机拍照,动辄被冻死机。张继炼主席与冯玉雷社长讨论三关口的长城建筑独特性。下山后,考察团跟随张主席驱车缓行,过三道关,进入辽阔平坦、苍茫悠远的阿拉善荒原,也实实在在地进入腾格里沙漠。接下

图65　胜金关

图66　石空大佛寺 I

图 67　石空大佛寺 II

图 68　考察团攀登贺兰山

来考察樊家营子山口。张主席事先约好拍鸟专家王志芳在中途会面，然后向东走一段柏油路，到贺兰山国家级自然保护区管理局金星管护站，与管理林业工作者希尔顿对接。管护站距离樊家营子约11公里，路很难走。途中，看到7只马鹿和4只岩羊（毛色接近山石，当地人称为青羊），到达距离山口还有2公里的废弃羊房子处，几乎无法通行，考察团就此却步。回程途中，考察团在大荒原看到了大群正在觅食的骆驼。午饭是阿拉善特有食品：莜麦窝窝。下午16：00，考察团到张继炼主席联系好的一家园区物业办公室采访三位骆驼客，冯玉雷社长提问，刘樱拍照，瞿萍录音、记录。阿拉善政协副主席、诗人王秋才也闻讯赶来。采访结束后，考察团与老骆驼客们合影分别。

图69　贺兰山三关口

图70 穿越荒原,前往贺兰山樊家营子山口

2月8日,考察团由巴彦浩特出发,前往吉兰泰盐湖考察,阿拉善盟骆驼研究所张文彬所长同前行。途中,张文彬所长向考察团介绍了沿途地理地貌及阿拉善骆驼情况。吉兰泰盐湖坐落在巴彦浩特镇北102公里处,乌兰布和沙漠边缘贺兰山与巴彦乌拉山之间的冲洪积扇上,出产食盐俗称"吉盐",以颗粒大、杂质少、味道浓闻名于世。考察团在吉兰泰盐化集团与当地小说作家黄聪汇合,由他做向导,参观盐湖及开采、精选、制盐等生产流程,并了解了吉兰泰盐场的古今变迁历史。考察团先后参观了盐湖、采盐区,以及加工区和盐场。离开吉兰泰,考察团先前往西部梦幻峡谷考察,后在敖伦布拉格镇用午餐,随后前往深藏于阴山山脉余支哈鲁奈山中的大峡谷考察,发现数座烽火台。返回巴彦浩特时,已是夜晚。

图71 吉兰泰盐场 I

图72 吉兰泰盐场 II

2月9日，考察团离开巴彦浩特，前往曼德拉苏木，考察曼德拉岩画。9：02，考察团先向北驰骋过查哈尔滩，后向左拐入S218到达查哈尔滩收费站，再西拐上内蒙古S218省道向西北方向行进过苏海图收费站。11：08，考察团到达阿左旗西北部的巴彦诺日公苏木，汽车拐上S317省道（巴彦诺尔公至山丹）向西北方向行驶到阿拉腾敖包镇，继续向前进入巴丹吉林沙漠。13：05，考察团在孟根用午餐，其间，考察团采访了就餐小店老板郭世栋，并与偶遇的三位蒙古族司机合影留念。14：00，考察团到达曼德拉山，在常年驻守曼德拉山岩画保护管理站魏政鸿老人的带领下登山进行了4个多小时的考察。曼德拉山岩画位于巴丹吉林沙漠东缘、曼德拉苏木西南14公里的曼德拉山中，东西长6公里，南北宽3公里，原来分布着6 000多幅岩画，因盗掘、破坏，现存4 234幅。考察团还从

图73 考察敖包烽火台

图74　阿拉善荒原未命名的烽火台

图75　阿拉善荒原骆驼

图76　冯玉雷与曼德拉山看山老人魏政鸿

图77　曼德拉山怪石

图78 曼德拉山岩画

魏政鸿老人处得知，在曼德拉南边的乌素山附近有一条驼道。傍晚18：35，考察团与魏政鸿一家合影留念，启程前往武威。23：00，考察团到达武威。

  2月10日早晨，考察团在武威电视台徐永盛主任的带领下考察武威皇娘娘台遗址后，拜谒鸠摩罗什塔、大云寺。大云寺位于凉州城东北隅，原为东晋十六国时前凉国王张氏宫殿。前凉王张天锡升平年间，舍宫置寺建塔，名为宏藏寺。参观完毕，考察团开始东返。经过东河乡、荣兴村、达家寨、河东乡、黄羊镇、李宪村、唐沟、郭家窝镇、土塔、吴家井、永丰堡等一些乡村，到八步沙收费站，察看路北边山包上的烽火台。过了八步沙，就是大靖马路滩乡，考察团在大靖民权乡人赵楷平校长的带领下考察了沿途的长城遗址。出大靖城，考察团沿S308省道前进，到沙河塘，看到一座巨大烽墩，农户在北侧挖出一

图79 鸠摩罗什寺

图80 大云寺钟鼓楼

图81 烽火台

个窑洞，装杂物。考察团从腾格里沙漠南缘与乌鞘岭、昌林山之间的荒沙滩间驰过，道路两边古城与墩台遗址伴随长城时隐时现。15：32，汽车转到201省道，考察团完成了对腾格里沙漠的环形考察，18：00返回兰州。

第四章

玉帛之路与齐家文化考察活动

图82　玉帛之路与齐家文化考察团

2015年4月26—30日,"玉帛之路系列考察活动"之四"玉帛之路与齐家文化考察活动在甘肃临夏州广河县举行。此次活动是2015年8月1日召开的"2015中国广和齐家文化与华夏文明国际研讨会"前期筹备会的重要组成部分,会议为正在兴建的齐家文化博物馆把脉,同时就学术会议召开等问题商谈,具体考察了几处齐家文化遗址和马衔山,探讨了齐家文化用玉来源的问题。考察团主要关注了公私博物馆收藏的齐家文化玉器情况、玉矿资源的分布并采集玉料标本,研究齐家文化所用玉料的供应情况、比例情况。考察过程中,考察团通过民间向导找到了马衔山玉料,并推测它就是齐家文化最近的用玉源头。

考察时间: 2015年4月26日—5月1日

考察人员: 王仁湘　中国社会科学院考古研究所边疆民族与宗教考古研究室主任、研究员

叶舒宪　上海交通大学致远讲席教授、中国社会科学院比较文学中心主任
易　华　中国社会科学院民族学与人类学研究所院研究员
冯玉雷　丝绸之路杂志社社长、总编辑
漆子扬　西北师范大学文学院教授
唐士乾　广河县文广新局局长

考察过程：

4月26日早晨，丝绸之路杂志社冯玉雷社长与西北师范大学文学院漆子扬教授从兰州出发，途经临洮拜访哥舒翰碑，随后前往民间收藏家王志安建的甘肃省马家窑彩陶博物馆参观，中午时分到达广河，与王仁湘研究员、叶舒宪教授、易华研究员会合。休息片刻后，考察团去看正在建设中的齐家文化博物馆。傍晚时，原临夏州志办主任马志勇带领考察团去距离县城约4公里的大夏古城遗址。古城遗址在阿力麻土乡古城村，背靠毛鲁山（古称古龙山）、棺木山，面临广通河。城址北边，有条当地人称为"马壕"的壕沟将古城村分割为上古城、下古城，中有溪流悄然流过，通往广通河。夏古城东起自寺沟桥，西到赵家桥，长600米；宽度从棺木山脚到广通河前十步，也是600米。该遗址曾有明显白土层，近年修路，毁掉大部分。与很多史前文化遗址一样，碎陶片散布在草丛荒滩中。马志勇说棺木山曾出土很多马家窑、半山、齐家文物。天色渐晚，考察团从古城遗址眺望天际西侧的太子山。太子山位于临夏与甘南之间，东西长约100公里，南北宽约10公里，主峰海拔4 400多米。据统计，有大小200多条河（溪）流发源于太子山保护区。

图83　从赵家遗址俯瞰大夏古城

图84　太子山远景

　　4月27日，叶舒宪教授一大早就去攀登钟鼎山，他推测可能那是古代先民的祭天台。其余人按他指引路线，只上到半山，观望一阵晨曦中的广河河谷。早餐后，考察团与广河文广局局长唐士乾、副局长马宝明，学者马俊华等同往石坡梁考察。按照唐局长设计路线，先考察石坡梁上的十里墩。那里既是烽火台所在位置,又是史前文化遗址,出土过彩陶,不过烽火台荡然无存,只有陶片散落在麦苗青青的田野间。大家又绕过几道山脊,探看屹立在高坪上的明朝烽火台。这座烽火台就地取材,由黄土夯筑,保存较为完整,从烽火台处也可俯瞰到西坪遗址上残存的两道西秦城墙。返回县城后,考察团前往城关镇大杨家村附近的"阪泉"考察。

下午考察的第一站是西坪遗址,与西坪文化遗址紧邻的是西秦古城遗址嵝崀城——其实它就建在西坪文化遗址上。嵝崀城与大夏古城隔河相对,地势险要,易守难攻,嵝崀城后来更名为诃诺城。随后,考察团考察赵家遗址后,直奔齐家坪。齐家坪台地上文化层随处可见,各类陶片散布在田野间。考察团从高高的山塬上俯瞰洮河,远眺对面的大碧河谷。据说,大碧河发源于马衔山,每当暴雨后就有玉石冲下,人们便到河谷地带捡玉。之后,考察团穿过村镇到齐家坪遗址纪念馆。

图85　明朝烽火台

图86 田野上

图87 王仁湘先生在西秦古城遗址接受采访

4月28日上午，考察团在广河县召开座谈会。会后，大家前往临夏参观临夏州博物馆，考察团先看新布展的马家窑彩陶。临夏彩陶蔚为大观，可以说是一部以器形、质地、色彩、图饰等多种元素进行宏大叙事的历史长卷，馆藏很多陶器出土地是虎关乡流川村和银川乡新庄坪村。下午大部分时间，大家都怀着巡礼朝拜般的心情零距离观赏了从未正式公布过的积石山县银川乡新庄坪遗址出土的玉琮、玉璧、玉铲、玉环、玉钺等齐家玉器，王仁湘、叶舒宪、易华三位先生都有高见，计划写文章。晚上，考察团前往民间收藏家马鸿儒府上观瞻藏品，叹为观止。

4月29日早餐后，考察团出城，沿着唐蕃古道前往积石山县银川乡新庄坪遗址考察。新庄坪遗址位于银川河台地上，东靠多多山，西临银川河，南至西沟，北至后庄尕寺根，其地发现过少量马家窑文化马厂类型彩陶残片，但主要文物是齐家文化的陶器、骨器、石器、玉器和大量灰层、灰坑和墓葬。丝绸之路杂志社冯玉雷主编捡到一件经王仁湘先生鉴定的新石器，充实丝绸之路文化艺术资料馆。这也是截至目前丝绸之路文化艺术资料馆采集到的最有价值和最有故事的史前文化资料。

图88　从齐家坪眺望洮河

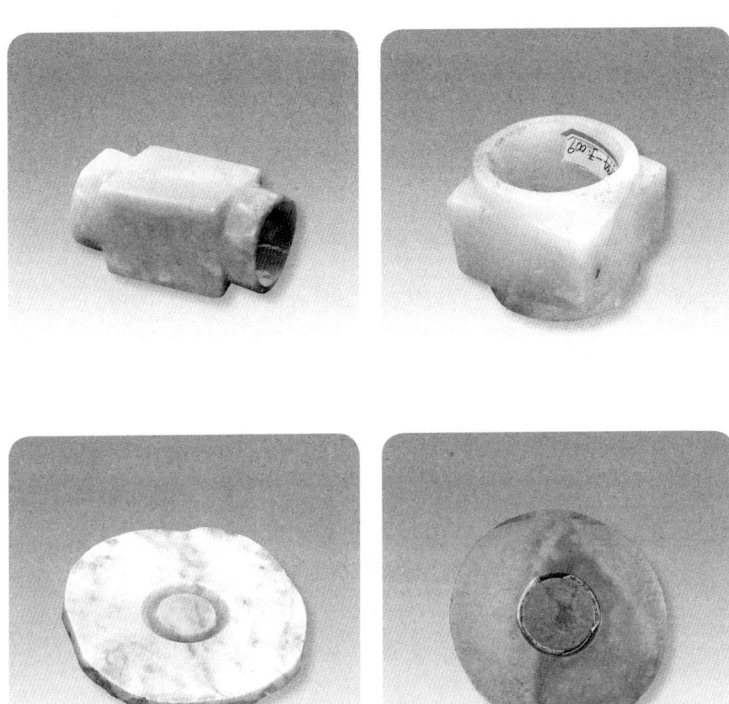

图89 临夏州博物馆收藏齐家玉器

图90 马衔山玉料 I

图91 马衔山玉料 II

午餐后,考察团先到峡口镇,与朋友介绍的民间收藏家杜天锁对接。他向考察团出示捡来或收到的可与和田玉媲美的马衔山玉料,令考察团各位专家大为吃惊。随后,大家前往马衔山玉矿考察。马衔山地处兴隆山南侧,在榆中、临洮两县交界处,属祁连山脉向东延伸的余脉,呈西北、东南走向,海拔3670米,是陇中高原最高山峰,洮河与阿干河、宛川河的分水岭。马衔山历史悠久,流传着大石马、小石马、石棺材、金龙池等民间传说。民间收藏界都知道齐家玉器很大一部分原料来源于马衔山,由其制作的玉璧、玉琮时在收藏家手中传递。2012年5月28日—6月1日,古方、杨雪峰、姜延亭、乔健、马建平等专家学者考察马衔山玉矿,古方撰写了《甘肃临洮马衔山玉矿调查》一文,这是由专业学者参加的首次考察,而且明确提出马衔山玉料与齐家文化及"玉石之路"的重要关系。马衔山玉矿(又称玉石山)位于临洮县上营乡和峡口镇境内,地理坐标为东经104°17′,北纬35°39′6″。考察团沿309省道在山沟谷地中穿梭一阵便进入旁边伸出的便道。半山上,迎面走来四五位有专业装备的采矿人,聊天后得知他们来自兰州,从事珠宝行业鉴定工作,利用周末时间来寻找玉料。冯玉雷社长

图92 考察团玉石山下巧遇寻矿人

和叶舒宪教授、易华研究员、漆子扬教授跟随杜天锁朝着形态奇异的主峰攀缘,玉石山坡遍布滚落过程中受阻而就地暂驻的各类石头,但没有一块完整玉石,是整座巨大岩石形成的高耸山峰,下有深坑,石坑里外丢弃很多淘汰的石块。考察团成员都捡到或大或小的玉石标本。考察完马衔山,王仁湘、叶舒宪、易华三位学者要去定西,冯玉雷社长、漆子扬教授从三十墩上高速,返回兰州。

图93 叶舒宪先生在马衔山玉石山

5月1日上午，丝绸之路杂志社、中国文学人类学研究会甘肃分会就齐家玉文化在兰州嘉峪宾馆组织主题为"玉帛之路与齐家文化文化考察"的访谈活动，主要采访王仁湘、叶舒宪、易华三位先生。现将访谈记录收录如下：

玉帛之路与齐家文化学术访谈

2015年5月1日上午，西北师范大学丝绸之路杂志社、中国文学人类学研究会甘肃分会就齐家玉文化在兰州嘉峪关宾馆组织主题为"玉帛之路与齐家文化文化考察"的访谈活动。

参加者　王仁湘　中国社会科学院考古研究所边疆民族与宗教考古研究室主任、研究员

　　　　　叶舒宪　中国民间文艺家协会副主席、上海交通大学致远讲席教授、中国社会科学院比较文学中心主任、中国文学人类学研究会会长

图94　玉帛之路与齐家文化访谈

易　华　中国社会科学院民族学与人类学研究所院研
　　　　　究员
　　冯玉雷　丝绸之路杂志社社长、中国文学人类学研
　　　　　究会甘肃分会会长
　　唐士乾　广河县文广新局局长
　　刘　樱　丝绸之路杂志社副主编制版中心主任
主持人　冯玉雷
录　音　刘　樱
整　理　瞿　萍　丝绸之路杂志社编辑

　　冯玉雷：非常难得，能有这样一次聚会。虽然条件简陋，参加人员不多，但我们探讨的问题一点儿也不小。大学毕业，因为文学创作需要，我常常跑田野，所谓采风，读大地文章。后来，与恩师叶舒宪先生再次相逢。叶先生劝我为深化个人创作，先转向学术研究——尤其研究西北大地史前玉文化。我深知自己的劣势：记忆力不好，感性思维好些，不愿意受条条框框限制，因此，没有遵从师命。不过，因为对田野调查的陶醉，还是有了很多共同考察文化遗址的经历。特别是2012年7月到丝绸之路杂志任职以来，因工作关系，我不能再继续小说创作，而办刊中的很多文化学术活动，正好与叶老师等学者孜孜以求的史前文化学术梦完美衔接，连续策划实施"玉帛之路文化考察"及相关学术活动。最近，4月26—29日，我们完成第四次"玉帛之路文化考察活动"，对兰州、广河、临夏、积石山县、临洮马衔山玉矿、定西等地的文化遗址及博物馆进行考察，并且在广河参加一次有关齐家文化研究与展示的座谈会。今天，我们请王仁湘、叶舒宪、易华三位先生从自己研究的角度来谈谈齐家文化。

首先请王仁湘先生谈一谈。

王仁湘： 西北地区是所有从事考古的人向往的地方，这里的人民、土地、风俗等都值得我们不断探索。尽管西北地区的考古具有很大的吸引力，并取得了卓越的成就，但当我们真正身临其境开展研究的时候，就会产生一种畏惧之心。这是因为，过去考古的前辈所做的研究为我们积累了大量的材料，已经挖掘到了一定的深度，要想很快有新突破新发现不容易。就我自身而言，我已经在中原和西南地区的相关考古研究方面打开了一定的局面，如果让我从西北地区从新开始是有一定困难的，因此，我也是用了3年的时间才决定到西北担任甘青考古队的队长。

过去，我们做甘青的工作时，由于甘肃、青海古文化面貌基本一致，因此是将其作为一个文化带来考虑的，具体做工作的人也不多。我研究生学习毕业后，也在甘青地区做过工作，具体是在天水的师赵村和西山坪。我在西三坪发现了一个重要

图95 王仁湘先生发言

的地层，解决了一个比较急切的田野考古问题。前仰韶时期，关中地区发现了两个重要的文化类型——老官台、北首岭下层，两者面貌不同，地层关系不清楚，没有直接的年代判断依据。而我就是在天水西山坪发现了这个地层，发现老官台年代更早，我当时将它称为白家村文化，这也是我开始做西北工作时的一个明显收获。由于我学生时期在关中做考古工作，会经常将甘青和关中进行比对，将它们联系起来研究，有了这个发现更觉得这种联系是非常必要的。

甘青地区主要的彩陶文化是马家窑和后续的一些文化，除此之外，特别是早于它的文化，我们都不太了解，因此，我在担任甘青考古队队长时，先准备选择具有仰韶文化因素的遗址进行发掘，在青海调查了一些早期遗址，最先选择的点是循化。循化有一个重要的仰韶文化遗址，这里出土了很多庙底沟时期的器物，我们采集了很多标本，当时已经决定在那里首先开展工作。接着前往东部民和考察，然后返回西宁，准备筹备工作。到了民和之后，我们了解到了黄河北岸的喇家遗址，它一下子就强烈地吸引了我。

喇家遗址是齐家文化时期的重要遗址，在我们开展工作之前，这里已经有了一些重要的发现，有很多重型玉器出土。当地老乡盖房的时候，挖出的人骨身上便放有玉璧，破坏了一处重要的墓地。当时，我意识到了这里的重要性，就放弃了在循化发掘的想法，要在民和先行开展工作。我们还在距离喇家不远处发现了一处重要的仰韶遗址，这既丰富了我们在此有关仰韶文化的研究，也有利于我们开展齐家文化的相关研究，也无违初衷，两全其美。因此，我们在喇家所在的官亭盆地开展了整体的考察，还在大河家附近的杏儿沟附近发现了几处仰韶遗址。

可以说,我对齐家文化的研究兴趣,就是从那时候培养起来的,有一些重要发现,产生了一些重要影响。喇家遗址面积有40多万平方米,文化堆积非常好,我们发现了随葬玉器的墓,还发现了放置玉器玉料的房址,有的房屋内集聚着十多位妇孺死者,确定是一处灾难遗址。我们在现场感受到了地震洪水发生时人性的光辉,也感受到灾难降临瞬间人们的惊恐与无奈。发掘中发现了很多大型玉器,出土大量陶器,后来还发现非常精美的马家窑彩陶等,还发现了面条遗存,这些都让我们了解到当时黄河岸边的先民生活。通过那次的工作,使我深入地认识了齐家,但是由于当时关注的重点在仰韶,又由于工作重心调整我不得已放下了喇家的相关工作,也因为这样,使我们对齐家的认识还缺乏深度广度。

就我的了解,考古界、学术界对齐家的研究关注的不多,整体的认识还停留在早期,没有提升,或者说本身对齐家文化的判断不足。尤其是开展了近10年的华夏文明探源工程,还没有将其纳入研究范围,没有认真关注齐家的研究,只是将个别遗址的工作勉强归入探源范畴,这不能不说是一个缺憾。现在看来,我们需要重新认识齐家文化的意义,这里有许多过去没有见到过的出土品,我们需要它对东西两侧文化产生的影响重新评估,吸引更多的研究者进行研究。强化对齐家的研究一定会为华夏文明起源发展问题打开新的局面,得出前所未有的结论,从而推进中原地区的考古深入。通过对齐家文化的研究,重新认识华夏文明起源的过程、路径,也许会从根本上改变我们过去的一些过时的认识。

冯玉雷: 叶舒宪老师有一个观点,认为在华夏民族统一之前,是玉文化首先统一了中国,对此您有什么看法?

王仁湘: 传统的玉器研究主要限于收藏家范围,尽管近年来考古界内也有相关研究，但传统的思维范式就是判定年代，并不关注涉及玉的内涵研究，我们的考古工作更注重实物本体的研究。我自己认可叶老师的一些看法，但并不代表考古界其他学者，尤其是老一辈专家能够接受这些观点。我自己研究彩陶，我认为彩陶统一了中国的核心区域，秦的大一统是建立在早期彩陶文明认同的基础上的。我赞同叶老师的观点，玉是华夏早期文明的一个重要符号。我自己认识不深，但我认为叶老师的观点是站得住的，没有问题。

冯玉雷：请您谈谈对我们刚刚考察的新庄坪遗址、马衔山遗址玉矿的感受。

王仁湘：新庄坪遗址出土过重型玉器，我很向往，考察后，我觉得很震撼，其文化面分布之大，我感觉比喇家还高一个档次。由这个点看，齐家的高度不是我们现在已经获得的认识所能判断得了的，并且我觉得，可能还有更高层次的遗址存在，我们还没有掌握、发现，齐家一定有都邑性质的大型遗址，不一定有城，但会有相当的规模，继续在更大范围调查，我认为一定会有收获的。

至于马衔山遗址，我和叶老师的感受是相近的，它为齐家玉文化找到了一个重要来源。当时的人是怎么发现这座玉矿，它又对齐家产生了什么影响，都值得我们研究。我们可以用青铜时代的铜矿资源比较，如果没有铜矿，青铜文化如何发展？现在看来，马衔山遗址玉矿对齐家文化的发展产生过重要的作用。马衔山遗址玉矿就在齐家文化的分布区内，这为齐家玉文化的发展提供了得天独厚的条件，具有重要的意义。

还有关于马家窑彩陶，我有一点看法。由于我是研究仰韶彩陶的，过去我们都认为，马家窑彩陶是从仰韶彩陶发展而来的，这个认识没有问题，但是发展演变的路径并不非常准确。

提到马家窑的源头，都认为是从豫陕晋传播到这里的，其实并非这样，这里本来就有仰韶分布。甘青地区的彩陶是一脉相承发展下来的，从大地湾出现彩陶，到仰韶、马家窑，是有完整链条的，彩陶传统是本来就有的，它的主体用不着由传播途径得来。基于这个认识基础，我们对甘青地区的文化高度就会有一个新的判断，也就是，它从东西吸收长处，促进自身发展。值得强调的是，彩陶在这里的发展最繁荣，传统延续最久，这里是彩陶的一个重要中心区。中原地区仰韶之后就没有彩陶文化了，衰落了。有了这些认识发展的变化，我们会更加重视这里的研究，关注其在华夏文化形成过程中有什么样的地位和影响。我认为，甘青从仰韶到马家窑，到齐家，始终处在一个文化高地。

冯玉雷：非常感谢王老师。叶舒宪老师2005年开始到甘肃进行田野考察，我们大冬天坐漏风的大巴车，啃大饼，跑田野，参加人数很少，慢慢地，考察团队越来越大，并且得到省委宣传部、文物局、西北师范大学、地方政府、文化企业等方方面面支持，感慨很多。下面请叶老师谈一谈。

叶舒宪：2005年起，我来到甘肃作调研，2008年写了《河西走廊：西部神话与华夏源流》一书，一个主要观点是，华夏文明的源流如果离开了西北的史前文化是无法被认清的。我在书的末尾对彩陶文化的起源说提出了一些批判性的看法。如齐家文化是二里头文化的源头之一，夏文化的溯源不能局限在中原二里头文化，而必须考虑齐家文化等。还有，我们都知道，秦安的大地湾遗址被学界称作是仰韶文化的甘肃类型。我认为，这个提法本身在逻辑上就有问题。因为如果是一个类型的话，应该是流而非源，但大地湾的彩陶是迄今发现的时间最早的彩陶，仰韶文化距今7 000～5 000年，大地湾文化一

图96　叶舒宪教授发言

期距今8 000年，两者相差1 000年，我想，这主要还是有关中华文明起源的"中原中心说"偏见所导致的。大部分人对西北认识不足，西北文化研究的缺失，使得华夏文明的研究不完整。2009—2012年，我们在中国社科院立了一个重大项目"中华文明探源的神话学研究"，主要是用人文方面的神话解释研究，去补充考古学的发掘与年代学。希望能够还原出史前期社会的神话信仰和观念。我们发现，信仰中的中国文明之"根"比文字、文献早得多，都是来自非文字的符号，如彩陶、青铜器、玉器等。这些器物中有一部分具有实用价值（陶器），但铜器、玉器的起源最初都并非实用。陶器中有一部分纹饰为人头、人身或动物形象、植物形象和几何形符号，这肯定涉及当时人的精神崇拜，而不能简单当作日唱生活用品来对待。史前无文字的文化大传统中最能代表精神崇拜的就是玉器。因此，在完成项目的过程中，我们将重要的研究方向从文献文本转向史前玉文化发生发展的脉络，将玉文化作为比汉字更早的华夏符号来研究。2012年以来，一共组织了有关玉文化研究的6次田野考察（前四次已经完成，后两次考察待完成），参与6个重要的学术会议。下面，我将它们做逐一梳理。

第一次会议是2012年11月在北京召开的"首届中国玉器收藏文化研讨会"，收藏界的人多，学界人不多，我在会议上首次提出"玉石之路黄河道"的命题。提交的文章叫《玉石之路黄河道刍议》。基于以前调研的经验，我意识到黄河两岸是史前玉器最集中出现的地方，我便以刍议的方式提示黄河在玉文化传播过程中起到了什么样的作用的问题，引发讨论。后来，我又在《丝绸之路》上刊发文章，提出和论证"新黄河摇篮说"。过去，普遍的认识是，世界上主要的古老文明都是在大河流域的灌溉农业基础上形成的，黄河是中华文明的摇篮，也是农耕文明的发源地。然而，仔细研究会发现，华夏史前并没有灌溉农业，黄土地上的主要作物是耐干旱的小米，黄河的水并没有主要起到灌溉的作用，而是起到文化传播和资源运输的作用。例如，家马传入中国之前，人的运输力是非常有限的，主要的运输通道是漕运，也就是水运。黄河通道及其支流泾河、渭河等都可能曾经充当资源运输的通道。众所周知，每一种文明起源都有一种重要的物质资源基础，那就是长距离的贸易、文化互动、传播等文化现象。那么，长距离运输的对象是什么也成为了我们关注的内容。在青铜时代到来之前，先民最关注的资源就是由宗教信仰、神话观念决定的资源，将玉视为神的化身，因此，史前人类便基于神话观念，规模性地开采玉石原料，规模性地生产和使用玉礼器。过去，我们将这套行为视作一种习俗，以审美为主，现在看来，玉文化的发生发展都是有神话信仰作为支撑的。（相关的探讨参看《黄河水道与玉器时代的齐家古国》一文，见《丝绸之路》2012年第17期。）

第二次会议是2013年6月，中国文学人类学研究会联合中国收藏家协会在陕西榆林举办"中国玉石之路与玉兵文化研讨会"。这是国内国际第一次以"玉石之路"名义召开的学术研讨会，会议成果今年刚出版面世（叶舒宪、古方主编《玉成中国——玉石之路与玉兵文化探源》，中华书局，2015年）。榆林的石峁遗址新发现4 300年的巨大城池，建城用石块的间隙穿插着玉器。会议根据大量玉礼器和玉兵器在史前中国分布范围，提出了"玉文化先统一中国说"。考古发现，南至珠江流域、北到辽河流域、西至河西走廊、东到东海之滨都有玉璧、玉琮、玉璜一类礼器出现，这体现了一种信仰、神话观念的传播过程。在这个过程中，我们认为齐家文化起到了极为重要的作用，那些出现大规模生产玉礼器的地方，我们就认为是玉文化的观念、宗教、信仰已经传播到了的地方，而当地一旦接受，就成为一种文化认同，也可以说大一统最早是一种信仰观念和文化上的认同。

第三次会议是2013年10月8日，在兰州召开的"丝绸之路高级论坛"。会议提出了"玉石之路"与"丝绸之路"的关系问题，再次凸显齐家文化玉器对夏商周玉礼器体系形成的文化传播作用。史前时代，处在中原和新疆昆仑山之间的玉文化就是齐家文化分布区，其面积有100万平方公里，延续时间大约为500年。然而，对于齐家文化没有任何的文献记载，也没有相关的研究著作。如果，我们将齐家文化置于中国玉石之路的大背景下研究，其与华夏文明的关系就比较清晰了。

第四次会议是2014年7月12日，在甘肃省委宣传部的支持下，由丝绸之路杂志社具体负责安排，在西北师大召开的"中国玉石之路与齐家文化研讨会"暨"玉帛之路文化考察活动"，考察丛书即将出版面世（甘肃人民出版社）。会议的最大收获就是，使我们重新认识了齐家文化背后的玉矿资源带，并在祁连山看到了现在还在开发着的祁连玉，在瓜州大头山看到了一种带有褐色皮的白玉（石英岩），这也就是说玉矿原料在祁连山到昆仑山一带都有分布。有两个点是我们要考察研究的，那就是瓜州马鬃山新发现了战国到汉代的玉矿，以及此次考察的马衔山玉矿，两者从玉料样本上看，都非常接近齐家文化玉器的用料，我们也了解到了齐家文化玉器用料的地域广度，大大超过以往的史前地域性的玉文化用料。这一发现大大拓展了"昆仑"的概念。据《史记》记载，张骞通西域的直接结果就是将新疆和田玉运输到了汉王朝，汉武帝亲自将出玉料之地命名为昆仑山。可以说，新疆青海的昆仑山、甘肃的马衔山、马鬃山、祁连山是一个连成一片的整体，这里有华夏祖先最关注的物质资源的分布带。从昆仑山、祁连山到马衔山，东西长将近2 000公里，南北宽度将近1 000公里，这近200万平方公里的玉矿资源带，通过数次的调查，逐渐清晰，这对于认识华夏文明的起源背后的第一重要资源——优质透闪石玉料，以及将西部资源传播到夏商周文明国家的齐家文化的传播意义具有重要作用。可以看到，博物馆陈列的西周以后的高档次玉器基本都是以白玉为主，史前白玉出现的最可能的地方就是甘肃到新疆一带。我们在马衔山集中采集了与齐家玉有关的玉料（或有少量白玉）。我们在临夏州博物馆看到13件齐家文化玉器精品，其中大部分主要出自积石山县的新庄坪遗址。如王仁湘先生所言，那里可能是一个齐家文化的政权中心，其意义可能不亚于青海民和的喇家遗址，尤其是那里出现了玉璋。玉璋在我国东部出土的比较多，在此之前，齐家文化中尚未发现过玉璋。1970年代时，新庄坪遗址采集的玉器中还有白玉琮，虽然目前仅看到一件，但是仍有非凡的意义。它说明，齐家文化玉器生产中确实已经开始使用白玉了。那么，白玉究竟来自那里，就是必须要关注的话题了，如果我们不能在马鬃山玉矿中找到相应的白玉，那我们能做出的唯一推论就是，这些白玉来自新疆昆仑山。如此，也就可以将齐家文化分布的100万平方公里及其西侧的200万平方公里的玉矿资源区联系为一个整体，并给《礼记》中记载的"天子佩白玉"以及中国人"白璧无瑕"的道德理想找到了物质方面的西北原型（参看《白玉崇拜及其神话历史》，《安徽大学学报》2015年第2期）。

　　第五次会议也就是本次会议及考察活动，可以视其为将于2015年8月1日在广河召开的"齐家文化与华夏文明国际研讨会"的前期的筹备及调研。由于可能8月参会的很多学者没有到过甘肃西北，因此这次会议的主要作用就是引导，也就是为"齐家文化与华夏文明国际研讨会"定调子。尽管齐家文化涉及范围广，但参与本次调研的成员都是齐家文化研究的核心学者，研究统一指向齐家玉器方面，包括博物馆收藏的和民间收藏的标本，希望将考古文博界和民间收藏界打通和结合起来，这是很难的，需要继续尝试，着力解决的是玉石之路及其与华夏文明关系的问题。

　　第六次会议是2015年8月1日，即将在广河召开的"齐家文化与华夏文明国际研讨会"。

　　以上就是，自2012年提出"玉石之路黄河道"并启动"玉石之路"实地考察以来的6次重要会议。

　　下面，我将梳理一遍与这6次会议密切相关的田野考察活动：

　　第一次考察：2014年6月，玉石之路山西道（雁门关）考察。我和易华等沿着北京—大同—代县雁门关一线，考察了《穆天子传》中记载的周穆王前往昆仑山寻找西王母，也就是先秦时代西玉东输的路线。考察中，我们发现，文献中记载的每一个点都是有据可查的，同时还发现了比这条陆路更古老的水路：玉石之路山西段的黄河道。这两者是并行的，分别沿着黄河与雁门关延伸。也就是说，上古自西北进入中原是没有捷径之路的，需要绕道而行。绕道河套和晋北盆地。在没有马之前，雁门关道也难走，黄河道才是正道。我们在黄河岸边的兴县小玉梁山看到龙山文化墓地和民间收藏的史前玉器，与河对岸的石峁玉器大同小异。（见《百色学院学报》2014年第4期文学人类学栏目文章，如《西玉东输雁门关——玉石之路山西道调研报告》和《山西兴县碧村小玉梁龙山文化玉器闻见录》）。2004年，中央电视台与社科院考古所联合开展考察活动，但由于考察活动并非学界组织，最后没有形成考察报告，仅拍摄《玉石之路》纪录片，存在遗憾。我们考察的目的就是为了将路线细化，用GPS定位方式勾勒出整个路网，也是丝绸之路考察的中国本土视角新成果。

第二次考察：2014年7月，玉帛之路河西走廊道段（齐家文化与四坝文化之旅：民勤—武威—高台—张掖—瓜州—祁连山—西宁—永靖—定西）考察。考察成果有七部书，以及《丝绸之路》所出的一期专号（2014年第 期）。还有相关的考察报告，已经发表的有：叶舒宪《乌孙为何不称王？——玉帛之路踏查之民勤、武威笔记》、冯玉雷《玉帛之路及其古代路网的调查及研究》，并见《百色学院学报》2015年第1期。易华《齐家玉器与夏文化》，见《百色学院学报》2015年第2期。

第三次考察：2015年1月，我们申报内蒙古社会科学院的"草原之路"调研项目，规划出沿着腾格里沙漠的考察路线图。在申报等候审批程序的过程中，2月初，由丝绸之路杂志社冯玉雷社长带领由杨文远、刘樱、瞿萍、军政组成的考察团，先期展开一次玉帛之路环腾格里沙漠路网考察。这是2014年7月"玉帛之路文化考察活动"之后，我们重新圈定的古代玉石之路北部路网。此次考察特别关注到了从民勤到阿拉善左旗、内蒙古河套、陕西北部地区的玉石路线问题。考察报告见冯玉雷《环腾格里沙漠考察》，见《百色学院学报》2015年第2期。

第四次考察：2015年4月26日至5月1日，玉帛之路与齐家文化考察（齐家文化遗址与齐家玉料探源之旅：兰州—广河—临夏—积石山县—临洮马衔山—定西—兰州），此次考察主要关注公私博物馆收藏的齐家文化玉器情况，关注玉矿资源的分布并采集玉料标本，研究齐家文化所用玉料的供应情况、比例情况，收获很大。

第五次考察：2015年6月，我们即将展开和内蒙古社科院协作组织的"玉帛之路草原道"的调研。此次考察将从呼和浩特出发前往包头，考察河套地区沿着黄河修建的系列史前城址，后沿着"草原之路"向西到达额济纳旗、马鬃山、哈密。目的在于了解"玉帛之路"（丝绸之路）北道（草原线）在早期与玉石有何关系，与史前使用金属的文化有何关系。解释马鬃山玉料输送中原的具体路线问题。

第六次考察：计划在2015年7月举行，即"2015玉帛之路考察活动"，主要目的在于研究古代丝绸之路没有打通西安、宝鸡、天水路线之时，古人以宁夏固原为十字路口的路线情况。寻找齐家文化的统治中心，主要关注铜器和玉器，我们从考古发现和文物普查情况看，齐家文化相关遗址和文物点最多的两个地方分别是庄浪、漳县。宁夏的西海固地区民间还收到了器形较大、玉质高档的玉礼器，特别是白玉的。因此，此次考察将以固原为中心，在陇东地区进行较详细的调研，进一步厘清西北史前玉文化与中原文明的互动关系。

以上就是,自2012年启动玉石之路研究以来,6次重要田野考察活动的简单介绍。

冯玉雷：易华兄也常常背着包跑西北田野,如痴如醉,不辞辛苦。首先我作为西北土著对您这位湘江江畔生长的学人表示崇高敬意。我们共同经历的考察同白酒一样,度数高的灼人,但味道很纯粹。感谢您纯粹的学术精神和情怀！我想,您的感想也很多吧。

易　华：我的考察,可以简单概括为：七探齐家。我对齐家文化的关注研究是从10年前开始的。下面我将自己这10年的研究过程及成果做一简单介绍。2008年,我撰写完成了《夷夏先后说》,这部书是我在整个世界范围内,对齐家文化概念进行的梳理,得出的初步结论是齐家文化极有可能是夏文化。因此,我也是从这一年开始,有意识地集中研究齐家文化。2008年夏季,我与国内外20名专家参加了中国社会科学院考古研究所刘国祥、许宏组织的"中原与北方青铜文化互

图97　冯玉雷社长与易华研究员交流

动"考察活动,其中一半为考古学家,一半为与考古相关的专家,此次考察使我对青铜文化的起源与传播有了一个更为深入的认识。在参加完此次活动后,我就集中关注了青铜的问题、夏的问题、齐家的问题。自此之后,我就开始了西北的考察。2008年冬,考察了西安的相关古迹。2009年,我沿着西安—宝鸡—千阳—天水—兰州一线进行了考察,期间,在兰州召开了"中国民族史"会议,我向会议提交了论文—《夏与西北》。2010年,武威召开了第二届西夏学国际会议,我宣读了论文《西夏、大夏与夏》,并进行了讨论。会后,我考察了从酒泉到居延海及银川的西夏文化中心,至此,我完成了对西夏文化圈的考察。2011年,在金昌召开了沙井文化会议,因为沙井文化中的洞室墓文化比较多,我提交会议的论文是《洞室墓文化的来龙去脉》。后来,我前往喇家遗址进行考察,与叶茂林老师进行了深入的交流,并考察了柳湾遗址、青海湖、塔尔寺等重要遗址。2012年,刘学堂、刘文锁在新疆举办了游牧文化与考古会议,借这次机会我考察了呼图壁、吐鲁番等新疆境内重要遗址,并参观了新疆考古所。2013年,我参加了中国社会科学院人类学与民族学研究所组织的大调查喀什调查组,调查时间长达1月,涉及塔什库尔干塔吉克自治县等地,喀什考察结束后,我还到了北疆进行考察。新疆与巴基斯坦、阿富汗相联系,并到达西亚,这里还有张骞博物馆、班超的故事等,因此,此次考察使我对"丝绸之路"有了更为感性的认识。2013年冬,我参加了甘肃举办的"丝绸之路文化峰会",我同叶舒宪、王巍分别做了大会主题发言。我在会议上主要讲了"青铜之路"和"青铜时代世界体系中的中国",这距离我2004年首次提出的"青铜之路"概念已过去了将近10年,通过10年的调查研究,我对这一概念也已经有了比较肯定的把握。2014

年，我与叶舒宪一同参加了《丝绸之路》杂志社举办的"玉帛之路与齐家文化研讨会"暨"玉帛之路文化考察活动"，会上，叶舒宪强调玉帛之路，我强调齐家文化。2014年秋季，我参加了大唐西市组织的丝绸之路国外考察，主要调研了伊朗德黑兰、伊斯法罕、亚兹德、设拉子等城市以及乌兹别克斯坦希瓦、布哈拉、萨尔马罕、塔什干等城市。伊朗是西亚大国，其历史继承了两河流域的传统。波斯帝国与罗马帝国、秦帝国有重要联系。波斯人将罗马帝国称为大秦，将秦帝国称为秦。通过这次考察，使我更深入地体会到了中国和中亚的亲密关系，更加确定了"中国与中亚的联系是从汉代以前就开始了的"这一认识。从2008年至今，我总共撰写了7篇与齐家文化有关的文章，我称之为"七论齐家"。2014年是齐家文化发掘90周年，我写了《正本清源说齐家——纪念齐家文化发现九十周年》，对齐家文化的性质、历史做了简要论述，明确了齐家文化是青铜文化的观点。

2008年，我写的《夷夏先后说》只是初步提出了齐家文化是夏文化，2014年，"玉帛之路文化考察活动"后，我写的《齐家华夏说》则是聚焦齐家，从不同的方面细致论证了齐家文化就是夏文化这一观点，这两本书可以算作是姊妹篇。

下面，我对这七个方面做逐一介绍：

第一，我将齐家文化与二里头文化进行了对比，发现两者性质大同小异，齐家比二里头略早200年，二里头是夏文化晚期，齐家是早期。

第二，我从地理分布角度论证了齐家文化是夏文化，齐家文化的核心分布区是甘青宁，但其影响范围达到了内蒙古、山西、河南、四川等地。首先，从历史地理来说，这片区域与《史记》记载的夏的分布区大致相同，同时，大禹治水的故事也发生在这里。其次,从自然地理来说,齐家文化分布区在青藏高原、蒙古高原、黄土高原的结合区,地理特征复杂,有山川、河流、草原,这些共同造就了稳定的生态系统,宜农又宜牧,为较为复杂的社会结构提供了基础。再次,从交通地理方面来说,这里是丝绸之路关键地带,汉代之前,外来的物种、文化首先会进入这个地区。因此,从文化圈的角度来说,齐家文化不仅是中亚、华夏文明的重要组成部分,也是东亚和世界文化的重要组成部分。

第三,我将齐家文化中出土的铜器进行了梳理,发现齐家文化的主要遗址中都出土了铜器,这样就可以肯定地说齐家文化就是青铜时代的文化。齐家文化是中国、东亚最早的青铜文化,标志着中国中亚进入了世界青铜时代体系。

第四,我从齐家玉和夏的关系方面进行了论述,玉器是齐家文化的重要特征,玉器发展有三个高峰,分别是红山文化、良渚文化、齐家文化。齐家文化中50公分以上的大玉器有很多,同时,石峁文化、二里头文化中也有50公分以上的大玉器,二里头文化中的玉器与齐家玉器基本相同,对此,我写了《齐家玉与夏文化》一文。我发现,齐家玉器中不仅有良渚风格的璧与琮,还有圭与璋、乘刀与戈;这就说明进入齐家文化后,玉器的发展有向玉兵方向开拓的趋势。红山、良渚都是以玉礼器为主,从齐家、二里头开始便出现了玉兵。齐家玉器中有完备的璧和琮、珪和璋、刀和戈系统,可以肯定地说,齐家文化中玉的种类是最多的,玉材是最丰富的,玉质是最好的。禹会诸侯于涂山,执玉帛者万国。玉文化发达才有可能是夏文化。

第五,我从齐家陶器和夏的关系方面进行了论述,齐家文化陶器种类多,其中的双耳罐数量很大,这标志着齐家文化向西南和东北传播的过程,但目前相关研究的还不多。邹衡认为陶盉就是鸡夷，是夏文化的标志。齐家文化中不仅有二里头风格的款足盉，亦有灰陶平底壶形盉，还有仅见于齐家文化的特形盉。

第六，我对齐家文化的墓葬进行了初步的梳理。4000年以前，中国的墓葬形式比较单调，从马家窑晚期马厂类型及齐家文化开始，墓葬类型得到了极大地丰富。齐家文化中出现了洞穴墓、火葬等等各种类型的墓葬方式，是我所见的墓葬中类型最为丰富的，它不仅吸收了中原的墓葬传统，也吸收了欧亚大陆的墓葬传统。齐家墓葬类型的复杂反映了当时民族成分的复杂、社会贫富的分化，以及父系社会的开始和性别间的不平等。历史记载，从夏代开始中国进入父系社会，考古发现，从齐家文化开始中国进入父系社会。这些联系使得我们能从墓葬方面鉴别齐家文化是夏文化。

第七，我从民族史的角度鉴别了齐家文化就是夏文化。首先，文献记载，西夏自称"夏"、"大夏"，他们将党项羌视为自己的祖先，同时，因为大禹也属羌族，因此西夏也将大禹视为祖先。其次，西夏的地理分布范围与齐家文化的地理分布范围是重合的。再次，匈奴后裔赫连勃勃曾经建立了大夏国，并将大禹视为祖先。从周朝开始，出现了夏崇拜。因此李元昊西夏、赫连勃勃大夏、周人崇夏是有着密切联系的，三者崇拜的夏的方位与齐家文化是重合的。

综上所述，我运用历史学、考古学、民族学、地理学等方面的知识从七个方面对齐家文化就是夏文化这一观点进行了系统论证，证明了齐家文化就是夏文化。

另外，我想谈一下具体学术研究中的"四通"问题。首先，古今相通，我们研究齐家文化，华夏文明不能就历史研究历史，而应与当下结合。其次，我们应该看到华夏文明与世界是相通的，东西相通，也就是说，我们应该从世界史的角度来研究中国历史。再次，学科相通，一门学科往往很难解决问题，要强调多学科交叉使用，才能对齐家文化与华夏明进行立体分析研究。最后，官方与民间要相通，在具体的研究中，如果只依靠官方材料或民间资料一方面，那么，得出的结论往往是片面的，学术研究须要将两者紧密结合，发现他们之间的互补关系，才会对一个问题得到比较全面、系统的认识。我的感想很多，可以用武威文庙前的一副对联概括："量合乾坤明参日月，学兼中外道冠古今"。

我希望在齐家文化发现100周年的时候，齐家文化是华夏文明之源这个观点能够得到普遍认可，并成为一个家喻户晓的结论。

第五章

2015草原玉石之路（第五次玉帛之路）文化考察活动暨首届中国玉文化高端论坛

图98　草原玉石之路考察团穿越荒漠无人区

考察时间： 2015年6月7—17日

考察成员： 顾　　问：郑欣淼　连　辑　陈克恭　刘　基
　　　　　　　　刘仲奎　梁和平　田　澍

　　　　　团　　长：叶舒宪

　　　　　副团长：冯玉雷　张振宇　包红梅

　　　　　成　　员（由全程考察与局部考察两部分学者、地方学者、向导组成）

　　1. 全程考察人员：

　　　　叶舒宪　上海交通大学致远讲席教授、中国社会科学院比较文学中心主任

　　　　包红梅　内蒙古社会科学院研究员

　　　　冯玉雷　丝绸之路杂志社社长、总编辑

易　华　中国社科院民族学与人类学研究所研究员
丁　哲　上海交通大学人文学院博士生
秦　斌　人民画报摄影记者
梁小光　中央电视台摄像师
刘　炘　摄影家、电视艺术家　甘肃广电摄影家协会主席
金　琼　中国甘肃网记者
牟业加　中国甘肃网司机

2. 局部考察人员：
薛正昌　宁夏社会科学院历史研究所所长
马建军　宁夏文化厅文物保护中心主任、研究员
徐永盛　武威市广播电视台频道总监
张文彬　阿拉善盟骆驼研究所所长
张继炼　内蒙古作协副主席
王承栋　中国文学人类学研究会甘肃分会平川工作基地主任
李世翔　海原文化工作者

主办单位： 内蒙古社科院"草原玉石之路"项目组
上海交通大学
丝绸之路与华夏文明传承发展协同创新中心

承办单位： 西北师范大学丝绸之路杂志社
中国甘肃网
中国文学人类学研究会甘肃分会

协办单位： 敦煌乐舞团
甘肃敦煌韵丝绸之路文化传播有限公司

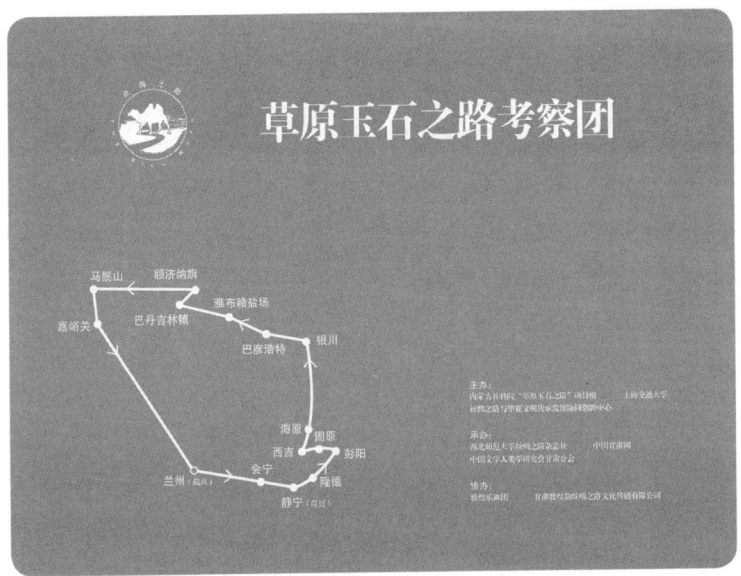

图99 草原玉石之路考察团会旗 I

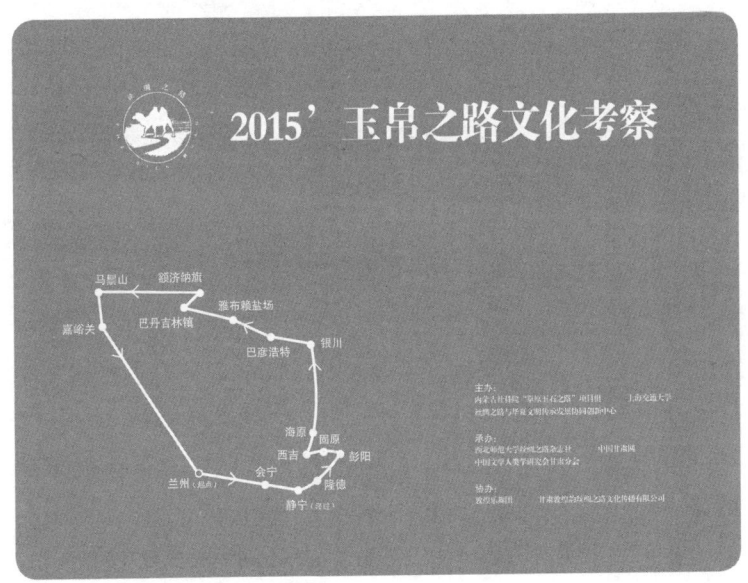

图100 草原玉石之路考察团会旗 II

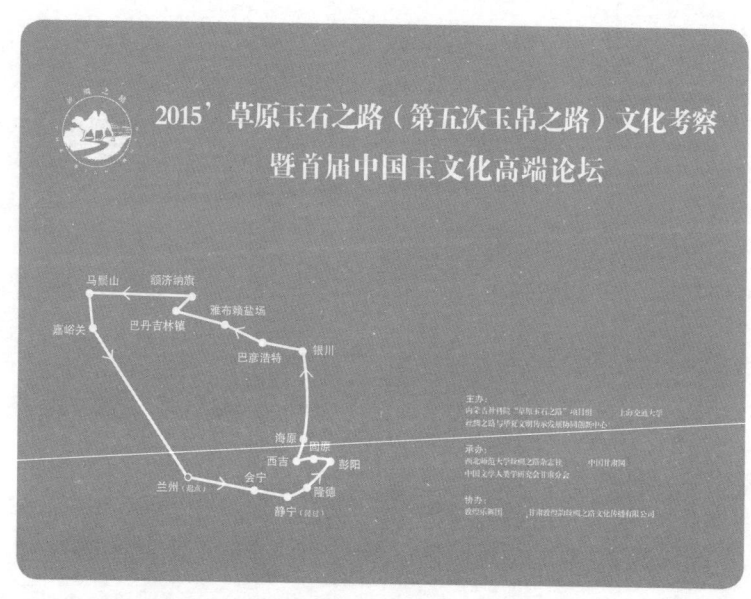

图101　草原玉石之路考察团会旗Ⅲ

"草原玉石之路文化考察活动"是"玉帛之路"系列第五次考察活动,考察团经过甘肃、宁夏、内蒙古三个省区的实地勘察,对应上古文献所述周穆王西行的路径,提出"西玉东输"路线除了南下的河西走廊道之外还存在一条直接向东经过额济纳(居延)和阿拉善,抵达河套地区,再经过晋陕地区南下中原的玉石之路草原道的新观点。此次考察是对"草原玉石之路"的初步探查,转变了古代"西玉东输"由一源一路向多源多路的认识,重点考察了马鬃山玉矿遗址,肯定了甘肃玉在西玉东输及中华玉文化建构中的重要作用。中国甘肃网作为本次考察活动的外宣窗口,每日第一时间发布跟团记者的采访手记以及各位专家的考察手记,并制作专题,在网站进行跟踪式、分类化图文报道,及时与外界分享考察团的考察成果与收获。活动以田野调查与论坛研讨相结合的形式展开。具体如下:

一 "草原玉石之路文化考察活动"

2015年6月,"2015草原玉石之路考察团",从兰州出发,经过宁夏西海固地区,北上银川,越六盘山和贺兰山,经阿拉善左旗至右旗,先后跨越腾格里沙漠和巴丹吉林沙漠,再沿着黑河—额济纳河一线(古代又称"弱水")北上额济纳旗,考察居延海和黑城,再向正西方向行进,经路井、三个井、黑鹰山、乱山子,穿越千里无人区,抵达甘肃肃北的马鬃山镇,考察古玉矿遗址和明水的汉代古城遗址,完成了对"草原玉石之路"的初步探查,获得了许多重要的实地考察发现及学术研究成果。

考察过程:

2015年6月8日清晨,"草原玉石之路考察团"从兰州出发,开始寻访齐家玉的考察之旅。10:00,考察团到达位于红军会宁会师旧址东北角的博物馆,受到会宁县委宣传部常务副部长郭志辉、会宁博物馆马可房馆长等热情接待,零距离接

图102　2015年6月8日,会宁县博物馆,工作人员展示齐家文化三孔"玉璋王"

触了54厘米长的齐家文化大玉璋。玉璋为青黄色玉质,在光线暗淡中呈现为黑色,用光照则显现为黄色,尺寸长达54.2厘米,宽为9.9厘米,厚度仅为0.1~0.2厘米,是齐家文化玉器中尺寸最大的重器之一,仅有青海喇家遗址出土的大玉刀比它更大一些。玉璋出土地在会宁头寨子镇牛门洞村,距县城70多公里。牛门洞新石器时代遗址是会宁县文化遗存分布较为密集的新石器时代特大型遗址,也是甘肃彩陶出现最早、发展时间最长、类型最丰富的地区之一。离开会宁,考察团前往隆德。当晚隆德停电,叶舒宪先生次日凌晨3:00起床,写出《会宁玉璋王:养在深闺人未识》一稿,中国甘肃网很快发出来。下午,考察团过静宁县,进入宁夏,经过毛湾、神林、沙塘,考察宁夏隆德县沙塘乡渝河北岸北塬新石器文化遗址,然后参观隆德县文管所藏品。考察团成员一边隔着玻璃反复研究碧玉

图103 2015年6月8日,考察团在宁夏隆德沙塘镇和平村北塬新石器遗址

铲、石琮、石祖、玉琮、大玉璧等珍贵文物及代表草原文化的铜质车马配件、饰物，一边请教刘世友所长。

6月9日早晨，考察团在刘世友所长的带领下绕道好水乡去固原，顺路考察战国时期遗址北联池和伏羲崖，途经倪套村，偶遇一处文化遗址，遍地瓦片。12：00，考察团到达固原博物馆。博物馆分《固原古代文明》《丝绸之路在固原》《古墓馆》《石刻馆》和《钟亭》五个专题陈列，考察团按此顺序进行参观。参观结束，考察团沿省道309线故道翻越名为"破脊梁"的山岭前往彭阳，并在彭阳县文管所仓库里看到不久前出土的玉璧、玉琮及龙山时期的陶器。傍晚，考察团返回固原，与陕师大校友武淑莲教授及宁夏师范学院的博士、教授们座谈。

6月10日晨，考察团团长叶舒宪教授向局地考察团员、中国文学人类学研究会甘肃分会平川工作基地主任王承栋授

图104　2015年6月9日，从宁夏隆德去往彭阳的路上，考察团专家发现一处嵌有汉瓦的土堆废墟

图105　2015年6月9日,考察团参观固原博物馆

牌。8:00,考察团出发前往西吉。到达西吉后,考察团在西吉钱币博物馆馆长摆小龙及其同事苏正喜的带领下进行参观。一件刻有凤鸟图案的玉琮摆在显眼位置,大家花了很长时间仔细研赏,玉琮是苏正喜1984年用一袋尿素征自民间,此前百姓作为榔头使用。11:20,考察团从西吉出发,翻越月亮山、南华山,到海原,重点考察菜园文化。菜园文化是宁夏考古所徐诚先生命名,有学者认为是齐家文化发源地之一。随后,考察

图106　2015年6月10日上午,考察团在西吉博物馆参观凤鸟大玉琮

图107　2015年6月10日下午，考察团参观海原博物馆

图108　2015年6月10日晚，考察团成员与宁夏文化厅文物保护中心主任马建军、宁夏社会科学院历史研究所所长薛正昌在宾馆大厅交流

团与地方学者举行座谈会。16：40，考察团沿灵州道大致路线北上，疾行4小时后于20：30到达银川。中国甘肃网张振宇总编夜乘火车自兰州而来，与考察团汇合。简餐后，考察团与来访的宁夏学者马建军、薛正昌及诗人张涛等座谈到23：30。

6月11日，考察团绕道西吉、海原，到同心，进入古灵州道，开始草原文化地域的考察活动。7：50，考察团从银川西夏区出发，汽车先是顺着贺兰山走势向南行进一阵后上高速，向阿拉善盟首府巴彦浩特疾驰。到巴彦浩特后，考察团参观了阿拉善博物馆，考察玉石文化。14：00，考察团向阿拉善右旗进发。这段路程有530公里，是奔向此次考察终点马鬃山最为辛苦的路段之一。途中，考察团在初进阿拉善右旗的公路边休息，采玛瑙，叶舒宪教授在一土堆表面捡到一块鹅卵大的红玛瑙。汽车与贺兰山并行，向北80多公里，15：14，考察团到苏海图、吉兰泰分岔处，转头向西，进入荒漠草原地带。汽车一路驰骋，经苏海图、阿拉腾敖包、巴彦诺日公、曼德拉苏木、沙林呼图格路口，黄昏时分，考察团到达雅布赖。到达阿拉善右旗时，已是深夜22：00以后。这天全部行程628公里，耗时10小时。

图109　2015年6月11日上午，考察团与内蒙古自治区作协副主席参观阿拉善博物馆

图110　2015年6月11日下午，考察团在雅布赖山下

　　6月12日上午，考察团在阿右旗文化文物局副局长范荣南的陪同下参观博物馆，范荣南还向考察团详细介绍了文物出土情况以及阿拉善右旗与额济纳旗之间古老驼道的路线。最有特色的文物除了马家窑文化彩陶和四坝文化三足鬲，就是大量玛瑙细石器和手印岩画。参观完毕，考察团成员刘炘、徐永盛从右旗经龙首山中的红寺湖山口进入河西走廊；其他成员则一路向西，穿越龙首山、合黎山与北大山之间的狭长荒漠地带，前往额济纳旗。12：00，考察团抵达必鲁图，13：30到达甘肃金塔县航天镇用午餐。17：30，考察团到额济纳旗首府达来呼布镇，全程480公里。晚餐后，考察团参观了额济纳旗博物馆。

　　6月13日早餐后，考察团从达来呼布镇出发，沿着新修的高速路向北疾驰60公里，9：00到达中蒙边境的策克口岸考察当地玛瑙。下午，考察团从达来呼布出发，考察黑河故道、黑城、大同城及怪树林。黑河古称弱水，因其冲出合黎山后地势

图111　2015年6月12日上午，考察团在阿拉善右旗文化局

图112　2015年6月12日，阿拉善右旗文化局局长范荣南向考察团讲解当地文化考察情况

图113　2015年6月13日，考察团到达居延海

图114　2015年6月13日，黑城遗址，考察团成员在沙地上采集玛瑙样本

图115　2015年6月13日下午,干涸的黑河河床

图116　2015年6月14日下午,穿越荒原途中巧遇地质工作者

变得开阔平坦,水流缓慢,显得犹豫无力而得名;又因为水面浅显,似乎连鸟羽都承载不起,软弱无力,故名。黑城遗址墙体多处残破,流沙累积几乎与墙等高,佛塔孤立墙头。遗址内遍地残片、残件、残迹、屋址、烟火熏烤的炕洞,还有明显是官署机构的重要建筑遗址。

6月14日,考察团从额济纳旗出发,沿当年斯文赫定、贝格曼等中瑞西北科学考察团科考人员走过的路,穿越荒漠无人区,直奔马鬃山。因车况原因,考察团分成嘉峪关路和沙漠路两线:前者溯弱水南下,经酒泉、嘉峪关,次日上午赶到马鬃山镇,后者乘坐两辆越野车,直接从额济纳旗穿越戈壁荒原,到达马鬃山镇。7:55,沙漠路成员先行出发,丝绸之路杂志社主编和中国甘肃网总编张振宇、中央电视台记者梁小光乘坐

头车，叶舒宪教授与向导赛音、易华研究员、丁哲博士乘坐后车。8∶25，到达赛汉陶来苏木。离开赛汉陶来苏木，汽车颠簸前进，很快进入辽阔的戈壁滩，胡杨树越来越稀少，代之以骆驼刺、麻黄等低矮植物。驰过100公里，考察团停车，拍照，举行简单而隆重的仪式后，汽车朝着小马鬃山冲刺，10∶30到达"尕逊阿目"（苦口子）山口。经过路三个井后，12∶45，考察团到250公里处——嘉峪关与黑鹰山指示牌路边用午餐，每人两块饼子、矿泉水、榨菜。距离用餐地点3公里处是"一棵树"村；到300公里处，是通向小马鬃苏木和算井子的岔路。头车先到，等了半小时，后车才来。"一棵树"之后，考察团走过一段异常坚硬的山石路，穿越几片麻黄林后，到达算井子，考察团与前来此地工作的廊坊地质勘测人员进行了简单交流并合影。算井子之后，考察团进入了真正的无人区，穿过"保密口子"后，进入大马鬃山山前的辽阔荒原。19∶20，考察团终于

图117　2015年6月14日，考察团穿越荒漠无人区时遇险

到达马鬃镇。全程480公里，耗时11个半小时。晚饭后，考察团在马鬃山镇镇长的引导下参观黑戈壁博物馆。

6月15日上午，考察团考察了马鬃山玉矿遗址，下午，考察团大部分人去了明水古

图118　2015年6月15日，马鬃山玉矿遗址，考察团成员在查看玉矿石

城，丝绸之路杂志社社长冯玉雷和中国甘肃网总编张振宇考察公婆泉。

6月16日5∶00，考察团从肃北马鬃山镇出发，历时7个小时到酒泉，行程360公里。14∶50，考察团乘高铁返兰，行程700公里，全天行程两项目叠加共1 000多公里。

图119　2015年6月16日，考察团到达酒泉，与甘肃社会科学院酒泉分院院长孙占鳌合影

二 首届中国玉文化高端论坛

与会人员： 赵逵夫　西北师范大学文学院教授、博导
　　　　　　叶舒宪　上海交通大学致远讲席教授、中国社会科学院比较文学中心主任
　　　　　　易　华　中国社科院人类学与民族学研究所研究员
　　　　　　包红梅　内蒙古社会科学院文学研究所研究员
　　　　　　王裕昌　甘肃省博物馆副馆长
　　　　　　朗树德　甘肃省文物考古研究所研究员
　　　　　　张德芳　甘肃简牍博物馆馆长
　　　　　　刘　炘　原甘肃广播电视局巡视员、电视艺术家
　　　　　　丁虎生　兰州理工大学党委副书记
　　　　　　张　兵　西北师范大学社会科学处处长

图120　首届中国玉文化高端论坛合影

刘　伟	省新闻出版广电局报刊处处长
梁小光	中央电视台摄影师
秦　斌	人民画报摄影记者
梁兆光	西北师范大学办公室主任
李树军	甘肃人民出版社社长、总编
王宗礼	西北师范大学社会主义学院院长
把多勋	西北师范大学旅游学院院长
韩高年	西北师范大学文学院院长
曹　进	西北师范大学外国语学院院长
于国建	西北师范大学音乐学院书记
刘再聪	西北师范大学历史文化学院副院长
黄兆宏	西北师范大学敦煌学研究所教授
赵万钧	高台县委宣传部副部长
丁　哲	上海交通大学人文学院博士生
冯玉雷	丝绸之路杂志社社长、总编
盛宏斌	西北师范大学音乐学院副院长
陈建红	敦煌乐舞团团长
李宏伟	中国文学人类学研究会甘肃分会瓜州工作基地主任
寇克红	中国文学人类学研究会甘肃分会高台工作基地主任
王登学	中国文学人类学研究会甘肃分会民乐工作基地主任
徐永盛	中国文学人类学研究会甘肃分会武威工作基地主任
沈渭显	中国文学人类学研究会甘肃分会景泰工作基地主任

  承 栋 中国文学人类学研究会甘肃分会平川工作基地主任

  特邀代表 各新闻媒体

      西北师范大学历史文化学院、音乐学院学生

  2015年6月17日8∶00，首届中国玉文化高端论坛在西北师范大学召开。论坛邀请中国社科院比较文学中心主任叶舒宪等专家发表主题演讲，就中国玉文化的传播路线等问题展开讨论。本次论坛也是"2015'草原玉石之路（第五次玉帛之路）文化考察活动"的总结会，"草原玉石之路考察团"的专家学者在现场分享了考察成果。

  论坛以"玉文化的传播路线、地域性玉器器形及其内涵、玉料来源地考察、玉材的输送与交流、国内外玉文化研究最新成果交流、玉文化产品开发"为主要内容，旨在为"丝绸之路经济带"建设以及甘肃省华夏文明传承创新区建设提供学术研究及宣传的新亮点和可持续开发的文化资源。

  首先进行参观环节，与会领导及专家观赏了甘肃丝绸之路杂志社出版传媒有限公司与甘肃敦煌韵丝绸之路文化传播有限公司联合开发的玉文化产品，并观看四集纪录片《玉帛之路》，阅赏特刊《齐家文化专刊》《玉帛之路文化考察活动成果专刊》。

  西北师范大学教授赵逵夫，省人大常委会、省人大教科文卫委员副主任刘基，时任西北师范大学副校长的兰州理工大学党委书记丁虎生参加此次研讨会并致辞。随后，敦煌乐舞团现场演奏了《飞天玉笛》。"草原玉石之路文化考察团"成员，上海交通大学讲习教授，中国文学人类学研究会会长叶舒

图121　首届中国玉文化高端论坛开幕式后,敦煌乐舞团演奏《飞天玉笛》

宪教授、中国社科院民族学与人类学研究所易华研究员等学者分别做主题演讲。甘肃省简牍博物馆馆长张德芳、甘肃省文物考古研究所研究员郎树德也分别发言,共同探讨了中国玉文化的传播路线及甘肃境内的玉料来源地等问题。研讨会由西北师范大学丝绸之路杂志社社长冯玉雷主持并介绍考察情况。

部分与会领导及专家学者发言:

三万里路云和月
——五次玉帛之路考察(2014—2015)小结

叶舒宪

2014—2015年,我们总共进行了五次玉帛之路考察,我现在为大家做一个汇报与总结。我们的考察活动整体秉持着"新探索新发现,重讲中国故事"的宗旨,在新学科"文学人类学"的学术背景下展开。主要理论是将文化分为两个传统,即没有文字的大传统和由文字记载的小传统。文字的东西毕竟只有2 000~3 000年的历史,而在这个大地上生息的人类则有数百万年的历史,因此,我们不应该用2 000~3 000年的文字来限制探索人类发展源流的目光。大、小传统理论的重点就在于重新认识没有文字记载的大传统。认识的方法主要在调查,我们需要依靠文物、实物来重新解读历史。相对应的新方法就是"四重证据法",分别为一重证据——传世文献,二重证据——出土汉简、甲骨文、金文等没有进入图书馆、《四库全书》的出土文献,三重证据——民间的、口头的文化,如在我们本次考察过程中,采访、收集到的老驼客口述的文献中没有记载的驼道等,第四重证据——文物,包括出土文物、博物馆藏文物以及实地考察发现的文物。四重证据法需要重新进入文化背景,与我们过去的读书识字、从书本中找学问、找历史,在境界上有很大的区别。

这五次考察的项目背景有二,分别是国家社科基金重大招标项目"中国文学人类学理论与方法研究"(2011—2015)和国家社科基金特别委托项目"草原文化研究"子项目"草原玉石之路"。前者是文科建设中具有先锋作用的新学科,解决的主要问题是中国为什么是中国,中国是如何形成的,其多民族文化是如何聚合的。考察后,我们发现了某种被神圣化了的、需要远距离开采、运输的物资形成了华夏王权的概念,也就是"玉石(之路)"。后者是今年立项,并委托给内蒙古社科院的项目。同时需要说明的是,我们所进行的这几次调查都是由高校(上海交通大学、西北师范大学等)与科研院所(中国社会科学院等)、地方政府协同创新,共同实施完成的。

关于"玉石之路"研究的源起,最早要追溯到1989年我们在西安召开的"长安—东亚—环太平洋国际学术研讨会"。上世纪80年代末90年代初，国家的13个特区都分布在东部沿海，鉴于此种偏见，文学人类学派的西部青年学者提出了"重开丝绸之路"国家战略构想。2005年，我受聘为兰州大学讲席教授，同年，文学人类学派启动了西部文化的田野调查。2008年，我根据前几年的调查结果完成并出版《河西走廊——西部神话与华夏源流》一书，批判了几千年来的中原中心主义，揭示出齐家文化与华夏文明的因果关系。

中国神话是文学、历史、哲学共同的源头，都围绕着圣山"昆仑"展开。昆仑山，被认为是天神降临人间的第一站——帝之下都（《山海经》），而昆仑的特点就是出美玉。众所周知，中国人向往昆仑，那么，昆仑神话是如何将自身与中原王权联系起来的。找到了这个突破口，也就是找到了研究华夏之所以为华夏的关键门径，即广泛分布于西部地区的齐家文化。考古发现，齐家文化在距今4 000年的时候发展出了庞大的玉礼器体系，并被后来的夏商周承袭。但是，中原王朝中心主义传统根深蒂固，中原以外的西域很少被提及，尤其是无文字以前的齐家文化、寺洼文化时代，我们除了考古发掘一无所知。因此，这些新的发现让我们认识到其与华夏文明源流的关系。也正是根据这些研究，我们提出了文化大、小传统的理论，也就是2013年出版的《文化符号学——大小传统新视野》一书。用甲骨文记载的华夏文化的源流大约是3 000年，用玉礼器表达的华夏文明的源头大约是8 000年，因此我们认为，文字的是派生的，玉石雕刻则是先行的。2015年新出版的《图说华夏文明发生史》解读了8 000年来玉文化延续不断传承发展的现象。同时，2013年在陕西榆林召开的中国玉石之路与玉兵文化研讨会论文集《玉成中国：玉石之路与玉兵文化探源》也已于2015年4月出版。榆林石峁遗址距今4 000年，面积达400

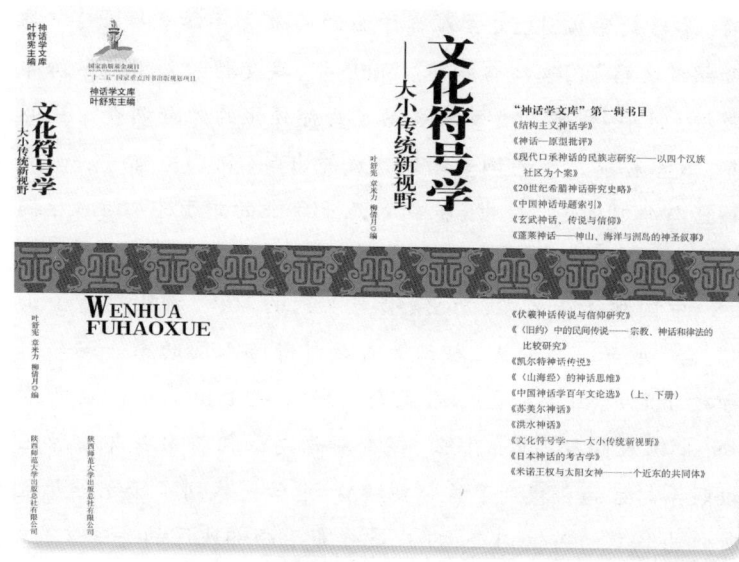

文化：大小传统的符号编码、解码原理

当下问题：届时中国文化的原型

诠释中国何以为中国

图122

万平方米，其建城的石头缝中穿插着玉器，这是超乎想象的。这些没有文字记载的大传统霞光已经照亮了我们未来探索的方向。

接下来就是"2014—2015中国玉帛之路系列考察"。

第一次调查了最早的文献中关于"玉石之路"的记载，那就是从《战国策》到《史记》中关于古代玉石进中原的第一站关口——雁门关，即2014年6月"玉石之路"山西道调研。《穆天子传》在中国文学中被当作小说看待，它记载了西周第五代君王前往昆仑山寻找西王母和美玉的历史。根据其他典籍记载显示，周穆王所走的路线（向东走，先到河南，越过黄河，过三门峡，到山西，绕过五个盆地，出雁门关，然后去河套）并非虚构，从《战国策》到《史记》都有"昆山玉路"的记载。我们在那里做了比较详尽的田野调查。周穆王所走的这条路也就是今天被叫作"走西口"的路，即山西北部的农民们背井离乡，先到河套，后向西行，一部分走草原路，一部分进入河西走廊。张掖大佛寺旁有"山西会馆"，新疆昆仑山下有道光时期的碑刻，记载了山西忻州人王某来此采玉，不幸遇难的历史。所以说，晋商走西口的传统从大传统来看应该与4000年前从昆仑山向中原运玉有关系。雁门关道与黄河道的主要路线是大同—代县—忻州—太原—兴县—北京。

第二次是2014年7月，沿着河西走廊所做的调研。调研的主要对象是齐家文化，以及大约与其同时的沙井文化、四坝文化。路线是兰州—民勤—武威—高台—张掖—瓜州—祁连山—西宁—永靖—定西，全程大约4 300公里。这条路也是唐玄奘道。此次考察成果包括：标本采样、考察报告、纪录片、报告文学、丛书、《丝绸之路》专号（2014年第19期）。上述成果已经陆续或即将出版面世。

第三次考察是2015年2月,由丝绸之路杂志社进行的"玉帛之路环腾格里沙漠道(原州萧关道、灵州道)3 000公里路网考察"。从地理书上看,中国第四大沙漠——腾格里沙漠是无人区,但是从老乡口述中我们知道了有一条路能够从民勤直接通到阿拉善左旗,然后到包头,进入河套地区。

第四次是2015年4月,在广河齐家文化研讨会筹备会过程中进行的旨在考察齐家文化所用玉料来源的调研,即"玉帛之路与齐家文化考察"。这次考察中,通过民间向导,我们找到了马衔山玉料,并推测它就是齐家文化玉器最近的用玉源头。考察主要路线是兰州—广河—临夏—积石山县—临洮马衔山—定西。

第五次是2015年6月进行的"2015草原玉石之路考察",也就是此次活动。路线是从兰州出发,前往齐家文化源头地区西海固,然后折向丝绸之路北道,穿越腾格里沙漠和巴丹吉林沙漠,再前往额济纳旗和马鬃山。马鬃山在2011年被申报为

图123 马鬃山玉矿遗址

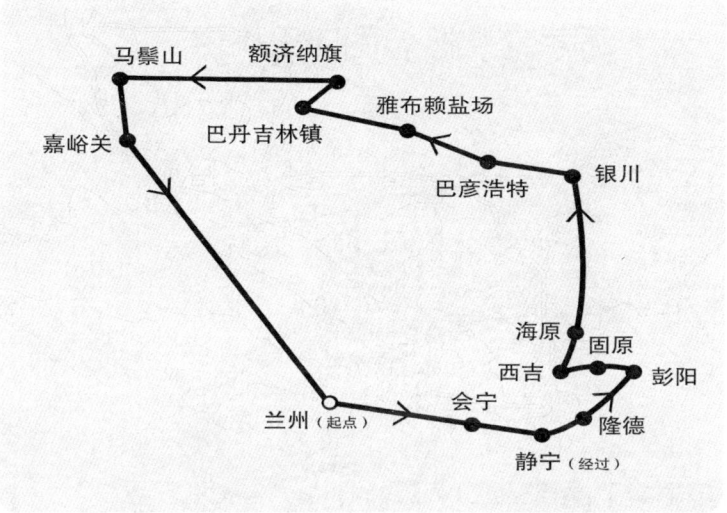

图124 2015草原玉石之路考察计划路线

甘肃省省级重点文物保护单位,也是此次考察的目的地。这里发现了从战国到汉代的玉矿,这也是我国目前发现的唯一一座古代玉矿。一般人都认为古代用玉均来自新疆和田,现在看来,马鬃山玉矿的发现打破了这一认识。通过考察,我们针对甘肃境内的玉文化资源,提出"玉出二马岗"的概念。古代玉矿关注焦点从独尊和田玉转向注目甘肃玉的过程是重新认识古代玉矿的原点。

玉矿一旦被发现,就能够还原史书中没有记载的内容。通过数次考察,我们对玉源的认识从过去的一元一路转变为现在的多元多路,并厘清了大约200多万平方公里的西部玉矿资源区。其最西端是新疆喀什(维吾尔语意味有玉石的地方),向东延伸到和田、若羌、鄯善,最东部为甘肃马衔山,东西长约2 000公里,北边是马鬃山,南边是青海格尔木和马衔山,南北宽度不足1 000公里。其中,马鬃山是天山余脉,马衔山是祁

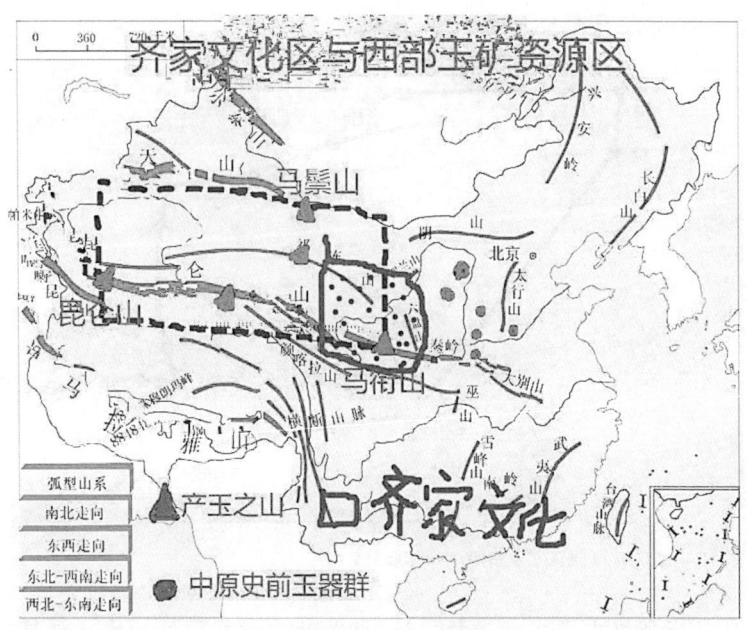

图125 西部玉矿资源区为蓝色虚线框标注的范围

连山余脉,格尔木是昆仑山余脉。如果我们将古代玉文化分布区与齐家文化分布区勾勒出来,齐家文化正好分布在西部玉矿资源区的东部。如此,也就能解释齐家文化玉器、玉料多样性的原因——"近水楼台"。中原地区古代很少发现玉资源,需要从西部运输,这些运输通道的形成就构成了"玉石之路"。沿着晋陕大峡谷两岸,就是中原大规模出现玉礼器的地方,包括石峁遗址、延安玉礼器、陶寺文化、清凉寺文化、安阳殷墟文化等。家马是3 000多年前商代时期进入中原的,说明了史前玉路不可能走陆路,而主要靠水路,如果我们将玉矿资源区与中原玉文化消费区都在地图上标示出来,就可以看出,黄河承担了"西玉东输"的媒介,也就是说,黄河和黄河的支流充当了"西玉东输"的主渠道。

图126　临夏博物馆藏齐家文化黄玉琮　图127　马衔山黄玉籽料

2015年4月,我们在临夏博物馆看到了优质透闪石制作的黄玉玉琮。在从古到今的市场上,白玉最贵,黄玉由于产量少,价格也是紧逼羊脂白玉。齐家文化所用的青黄色的玉到底从何处来,过去无从知晓,现在大致可以看明白,在马衔山采到的黄玉籽料,就是齐家文化用玉的本地玉料。

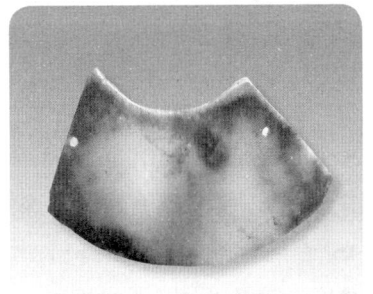

图128　四千年前当地生产的齐家文化玉璜

齐家文化用玉量大,主要就地取材优质玉料。

"2015'草原玉石之路考察"的第一站会宁,我们看到了长达54厘米的玉璋,其最薄部位仅有1毫米,厚的地方也只有2毫米。玉的质地非常脆,我们无法想象4000年前的古人是如何制作精细化程度如此之高的玉璋的,这也是齐家文化先民留在西北大地的文化之谜。会宁大玉璋发掘于20世纪80年代,整体呈青黄色,其玉料来源尚不可知。它不仅是齐家文化最精美的玉器,也是中国史前玉器中的极品,我们斗胆将其命名为"玉璋王"。

图129 居延海—中南海 昆仑山—终南山—景山、紫禁城

朱镕基总理有一句名言"居延海连着中南海","2015草原玉石之路考察团"在额济纳旗居延海考察了黑城遗址。中国历史上,王权都集中在陕西到河南之间,统治者都关注昆仑山,它被称为"昆仑圣山"。在当地,昆仑山被称为于阗南山,祁连山被称为南山(河西走廊以南被称为南山,以北被称为北山)。过去,我们读《诗经》不知道陕西的终南山如何得名,现在看来非常清楚,就是从新疆昆仑一直延伸到八百里秦川的一条龙脉。明朝建都北京后,为了延续龙脉,请来客家风水师选址,先建景山(时称万岁山),再建紫禁城。所以说,古代昆仑山始终连着最高统治者的王权核心。我们在马鬃山当地看到了汉代灰陶、史前文化红陶、夹砂陶。如果能够证明马鬃山玉矿属于距今4 000年的四坝文化,则河西走廊以北的这条路其意义和价值将更加明显。

通过这几次调查,我们认识到,过去说的"丝绸之路"三线基本上都是运送玉石的路线。"丝绸之路"是1877年德国人李希霍芬命名的,命名的依据在于,丝绸在罗马市场贵于黄金,

图130 马鬃山当地看到的汉代灰陶、史前文化红陶、夹砂陶

而西方人不知丝绸从何而来,当他们一旦得知河西走廊能够运输丝绸,就将这条路命名为"丝绸之路"。对华夏来说,古代将丝绸称为"帛",而"帛"永远是玉的陪衬,所以有"化干戈为玉帛"之说。"丝绸之路"的三条线今天大致可以看清楚了,分别是丝路北线——"玉石之路"草原道:哈密—明水—马鬃山—额济纳—阿拉善—包头—大同,也就是雁门关道、晋商之路("走西口"道);丝路中线——"玉石之路"河西走廊道:于阗—龟兹—玉门关—嘉峪关—民勤—固原—平凉—长安;丝路南线——"玉石之路"青海道:喀什—于阗—若羌—阳关—德令哈—西宁—临夏—中原,其中进入中原的部分就是唐蕃古道。

中国考古学界认为陶鬲是华夏文明中的标志性陶器,我们在"草原丝绸之路"调研过程中发现了分别出土于彭阳、阿右旗、额济纳旗的陶鬲,其下端有三个乳足,有学者认为是用来盛饭的,也有学者认为是游牧民族用来盛奶、煮肉的。另外,如果将彭阳、阿右旗、额济纳旗三地连起来,"草原之路"基本上就画出来了。

众所周知，世界几大古文明大致都分布在几十万平方公里的区域内，没有超过几百万平方公里的，因此关于中国为什么是中国的问题，主要就集中在其版图面积为什么如此巨大的问题上了。历史上，兰州以西的地方都是汉武帝时期开辟的，也就是张骞的"凿空"之功。白登山是汉高祖被围困的地方，也就是说，雁门关以北的地方正好是我们说的"草原丝绸之路"。从秦到汉，中国的版图几乎扩大了1.5倍，到达了新疆、中亚地区。《史记·大宛列传》记载张骞通西域主要是为了寻找黄河与昆仑美玉的源头，也就是昆仑山。李希霍芬看着玉石叫丝绸，因此我们今天就将这条路称为"丝绸之路"。

马鬃山以西接近新疆哈密的地方有汉代古城。古城没有人保护，当地边防派出所官兵自发捐资将其保护起来。这里是大汉王朝在最西北的军事据点，守护的是草原之路，是通往马鬃山、额济纳的道路。

除了上述已经结束的五次考察外，我们计划中的还有第六次（"玉帛之路"陇东道）、第七次（"玉帛之路"河套道）考察。

"2015草原玉石之路考察"已经结束，我作为发起人，向参

图131　西北师范大学大国气象：华夏版图与张骞之路

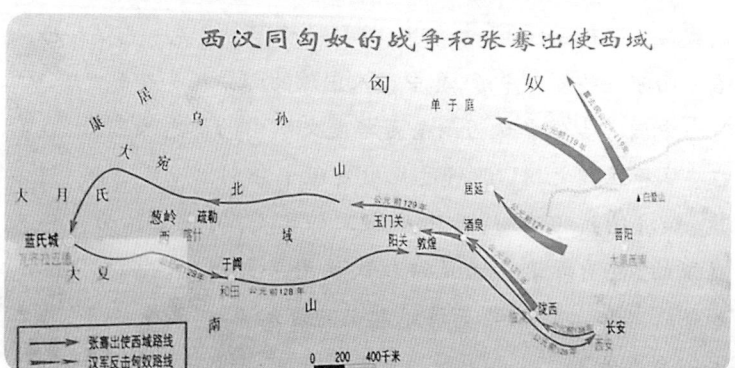

图132 明水汉代故城

与此次活动的每一位成员表示由衷的敬意,大家是冒着生命危险完成这次考察的,尤其是耗时11个半小时穿越马鬃山到额济纳将近1 000公里的无人区时,大家表现出的不畏艰险、勇于探索的精神使我由衷感动。与此同时,我还要感谢西北师范大学、中国甘肃网,以及新闻媒体的朋友们,感谢大家对我们活动的鼎力支持。

玉石东来与中原玉文化之发生

——赵逵夫教授在首届中国玉文化高端论坛上的发言

听了叶舒宪教授的发言,我感到很有意义。我看了最近几期的《丝绸之路》,看到很多被历史遗忘的东西又重新展现在我们眼前,我感到很欣慰。2014年7月的"中国玉石之路与齐家文化研讨会"暨"玉帛之路文化考察活动"上,我曾经谈到《山海经》中记载了大量产玉石的山,并以西部为多。其中提到的"敦薨"(也就是敦煌)也有很多产玉石的地方,特别是安西有一个玉石山,想不到的是,去年考察时,就在那里发现了玉石。刚才听工作人员介绍,今天会场展出的新命名的敦煌玉就是由去年考察发现的大头山玉矿而得来。以前,我们提到的西部之玉包括昆仑玉、和田玉、祁连玉。魏晋南北朝以前,就有学者认为古代的昆仑山就指祁连山,而非现在的昆仑山,因为当时的地理认识范围还未到今天的昆仑山地区,这应该是有道理的,我认为,祁连玉实质上也就是昆仑玉。

刚才叶舒宪教授也谈到,古人对玉的重视是很早的。玉一般与王权、贵族的配饰联系起来,但我一直在考虑一个问题,那就是:玉最早的用途是什么?为什么古人最早关注到玉?我们都知道玉石尽管很脆,但要比一般石头坚硬得多,况且金属发现得很晚,因此,我认为,其最早的功能可能是用于割切。《山海经》中很多地方将金玉并称。金,并非指今天的金,而是铜,当时的农业生产不可能用极其珍贵的铜来割切。因此,玉可能最早还是用于生产劳动与生活的割切。后

图133　西北师范大学赵逵夫教授发言

来,才有了在玉上凿孔,然后佩戴的用途。这种情况在《诗经》记载的比较多。我想玉石可能是先有实用价值,然后慢慢延伸到装饰作用的。又由于其半透明的属性,便使用在礼仪方面。总体来说,我认为玉在古代的作用经历了上述变化,也就是先考虑生活,后演变为装饰。从这点来说,玉石的发现及其应用在相当程度上推动了社会的发展,在用于礼仪制度后,又推动了各部族、文化间的交流,甚至于在历代战争转变过程中起到了积极的作用,也就是"化干戈为玉帛"的传统文化精神。

  以前,学者们关注"丝绸之路"都集中在张骞通西域,但从《山海经》《穆天子传》来看,这条路很早就开通了,也就是说,张骞凿空之前,这条路上的民间交流就已经存在了,只是没有明确的行政区域界限。即使到了21世纪的今天,两国边界地区的民间交流也是很多的。因此,我们探索"丝绸之路"上的文化交流,有利于研究中原文化的转变。中原文化一般具有稳定性,只有周边新文化进入后,才会引发文化的融合转变。今天,我们研究"丝绸之路",就是要让它重新发挥重要的作用。改革开放以来,海上与空中的交通线路发展迅速,因此,重新打通"丝绸之路"与中亚、西亚、欧洲的联系具有多方面的意义——更省力、更经济、更快捷。以往,国家对西部的发展提出了很多措施,也带来了很多改变,但是重建"丝绸之路"经济带的提出,相应来说,更有利于西部的发展。同时,重新认识这段历史,总结历史经验,避免以往的教训,才能使它发挥更大的作用。

  综上所述,我认为,我们的"玉石之路考察活动"是具有重要现实意义的。另外,这种多学科的田野调查活动也有利于推动学院式的研究与社会实践的结合。

关注玉石之路　探究华夏文明
——刘基主任在首届中国玉文化高端论坛上的发言

很高兴以主办单位之一——甘肃丝绸之路与华夏文明协同创新中心主任的身份参加论坛，我感到非常荣幸。去年的"中国玉石之路与齐家文化研讨会"暨"玉帛之路文化考察活动"我也参加了，结合起来，我有这么几点感受。

首先，听了叶舒宪老师五次考察的成果介绍，我产生了共鸣。我没有研究过玉文化，但深深知道中国的玉文化是中华文化极其重要的组成部分。

其次，中国玉文化源远流长、博大精深、璀璨夺目。在当今社会中，玉已经成为象征着财富的一种物质载体。市场经济条件下，用金钱衡量其价值的比较多一点儿，而专门探讨玉的文化内涵的确实不多。因此，我感受到了这次论坛的高端性和重要性，那就是探讨和恢复玉本来的文化本质。

再次，甘肃应该在中国玉文化的发展中占有极其重要的位置，尤其是刚才叶舒宪老师总结的"二马"——马鬃山、马衔山。马衔山在本地被称为马衔（音同"含"）山。今天看到根据去年考察成果雕刻的敦煌题材的玉器展，感触颇深。甘肃是中华文化传承发展的重要宝地，在历史长河中，有重要作用。丝绸之路杂志承办这样一个极其有意义的文明探源工作，并在去年已经被省委宣传部批准成立国家层面的高端论坛，意义很大。我们应该继续做好这方面的工作。刚才听叶老师的演讲，还计划实施第六、七次考察活动，我认为，之后还应该有第八、第九、第十次……我们一定要将这项工作延续下去。玉文化的解读，可以为中华文明注入新的内涵，并通过田野考察的实证来说明其重要性。

图134　刘基副主任发言

2012年3月，甘肃申报华夏文明传承创新区，西北师范大学率先组建了甘肃丝绸之路与华夏文明协同创新中心。如今，中心运作已有3年时间，核心工作就是要为华夏文明传承创新区做好理论上的铺垫，期间我们也取得较多成果。关于玉文化研究的课题值得我们不断深入下去，让我们共同努力，将这个非常有文化价值的研究工作、探源工作继续做下去。

书斋、田野两结合：一种新的研究范式

——丁虎生副书记在首届中国玉文化高端论坛上的发言

我是"2015草原玉石之路（第五次玉帛路）文化考察"暨"首届中国玉文化高端论坛"的积极关注者，经常看相关报道、材料。去年的"中国玉石之路与齐家文化研讨会"暨"玉帛之路文化考察活动"，我也参加了，并深深地被各位老师的敬业精神所感动。对于今年的文化考察活动，我有这样几点感受。

首先，我作为一个外行，在这2年时间里，对"玉石之路"的认识有了巨大变化。自从去年关注"中国玉石之路与齐家文化研讨会"暨"玉帛之路文化考察活动"，我开始了解了"丝绸之路"的前身——"玉石之路"以及其在中华文明发生过程中起到的重要作用。今天会场展出的由敦煌玉雕刻的玉器使我想起，去年考察结束后，我在定西总结会上看到的叶舒宪、易华等老师从瓜州采回的玉石原料。由学术研究转向田野调查，由玉石原料转化成精美的艺术品，这种变化也对应着我不断深入理解"玉石之路"概念的进程。去年的考察专著也将面世，我很期待看到。同时，我们组建的敦煌乐舞团以音乐的形式展现出中华文明的博大精深，这表明，我们的这项文化活动，成果已经非常丰富。另外，"玉石之路"的考察每次都从西北师大出发，这给学校带来重要启示，我们从中学到很多重要东西，其中最重要的就是理论上的创新。以我个人为例，去年听叶老师讲大传统、小传统理论框架时，还不是很明确，紧接

图135 兰州理工大学丁虎生副书记发言

着读叶老师的新作《图说华夏文明发生史》，阅读进行到一半后，我又重新细读《山海经》和赵逵夫先生的《体育古文》，并和赵先生进行交流。《体育古文》把文学作品中涉及体育的材料整理起来，很好地反映了古代体育活动的情景。正是这样的阅读历程，才使我对这一概念有了比较清晰的理解，也使我深深感到，大、小传统的概念确实突破了我们以前的知识理论架构。以前，我们将《山海经》视作神话，现在看来，其中也反映了当时人类文明的进步状况，或者说是科技进步的一些成果。例如《山海经》对玉的分类非常细，说明当时人对玉的认识、把握、分类、鉴别已经达到非常高的水平了。但是，在《山海经》记载之前，也就是叶老师说的没有文字记载的大传统时代，也保留下了丰富的文化符号，这些符号反映了中华文明发生、发展的过程，也反映了文明传播的路径。"玉石之路"就是这样的路径。因此，这种理论上的突破对于我们进一步认识、研究中华文明发生的过程是非常重要的。

其次，对西北师大来说，我们的研究基本上是局限于校园，集中于文献，离开书本，可能就没有办法进行了。这几次考察带给我们很深刻的启发，那就是，信息化条件下的田野调查对于书斋式的研究具有重要意义。例如，我们能够通过新闻报道及时分享到考察进展和收获。学术研究很难与社会结合，这是现在大学普遍存在的问题，也是需要我们重点改进的方面。与此同时，在如何利用好信息化条件，做好信息的及时有效传播方面，我们能从这两次活动中总结出大量的有益经验。

再次，国家以各种形式大力提倡并宣传社会主义核心价值观，但大多民众仍难以记诵。这说明，我们关注核心价值观内涵中来源于传统文化积淀的因素还是太少，对研究成果的传播也不够。在中华民族传统的思想体系中，很多都是和社会主义核心价值观密切相关的。我们这样的活动，使普通大众对"丝绸之路""玉石之路"以及文化根源都产生了很好的认识，具有普及、推广的重要作用。我觉得，中国的文化人，一定要有这种追根溯源的探索精神。同时，这两次活动中，专家学者们表现出的不畏艰辛的吃苦精神值得敬佩，应该弘扬、继承。

最后，我说一下学校对于文化考察活动的一些想法。这项工作具体由学校的丝绸之路杂志社承办。杂志社最近几年的发展很好，在良好的环境下把握住了发展机遇，尤其在弘扬传统文化方面做了大量工作，得到了社会各界的大力支持，学校看到了杂志社各位同仁的努力以及成果，下一步，学校要继续加强杂志社的工作，将《丝绸之路》办得越来越好，使之能够更好地承担弘扬和传播传统文化的重任。另外，我们希望有更多种的形式来展现和传播研究成果，学校要打造一些如"中国玉文化高端论坛"这样的平台，并且将其制度化。我们希望在西北师大能有更多学者围绕着玉石之路这个方向进行研究和探索，也希望同学们通过参与活动不断拓展自己的学术研究兴趣，将来成为研究和传承玉帛文化的重要力量。

敦煌乐舞团民族乐器协奏《飞天玉笛》

《飞天玉笛》是一首以大唐乐舞、霓裳羽衣舞曲调为素材，创作的民乐合奏曲。其中以竹笛、琵琶、古筝为主奏乐器，来展现敦煌壁画中飞天吹奏玉笛，在天空中起舞的场景。飞天，作为敦煌的名片，已经成为敦煌艺术的标志，为全世界所熟知。而玉者，为国之重器，君子之雅器。以玉为材质制作的笛子，早在春秋时期就有记载。飞天与玉笛的结合，也正好印证了"敦煌女伎持玉笛，凌空驾云飞天去"。

图136 敦煌乐舞团演奏《飞天玉笛》I

编曲：孔庆丹 （西北师范大学音乐学院青年教师）
编排：孔庆丹 陈建红（西北师范大学音乐学院副教授）
演奏：竹　笛：王明辉（西北师范大学音乐学院青年教师）
　　　二　胡：田　朝　钟向阳　杨苑晨　吴梦琪　徐婷婷
　　　　　　　杨　帆　张艺铭　施欣池　刘显钰　赵　宇
　　　　　　　王习文　李成伟　刘人瑞　贾思阳　彭梦雪
　　　　　　　杨　婷
　　　中　胡：李松燕　王丽君　马琦
　　　琵　琶：王玺　王淳　钱佳琪
　　　扬　琴：李雅轩
　　　古　筝：陈夏雯
　　　中　阮：张宁　俞婷　王景萱　冯菡悦
　　　大　阮：宋丹　张泽麒
　　　高音笙：阎建国（西北师范大学音乐学院外聘教师）

图137 敦煌乐舞团演奏《飞天玉笛》II

打击乐：徐耀国　万英伟
大提琴：范涛　祁琪　崔滕旺
低音提琴：樊　冲

四集电视纪录片《玉帛之路》创作谈

为积极响应国家"一带一路"战略布局和甘肃建设华夏文明传承创新区的决策部署，在2014年"玉帛之路文化考察活动"期间，由武威市广播电视台和我刊联合创制了四集电视纪录片《玉帛之路》。我刊增发专刊，全文刊发了纪录片文本。之后，该片先后在中国甘肃网、首届中国玉文化高端论坛和考察沿线

图138 《玉帛之路》片头

城市电视台展播,得到了专家学者和社会各界的高度评价。

风沙磨砺俏玉容

徐永盛　《玉帛之路》纪录片编导、撰稿

一、基本情况

纪录片《玉帛之路》由武威市广播电视台、丝绸之路杂志社联合出品。该片的创作,得到了武威市委宣传部、武威市广播电视台的积极支持和热切关注,得到了西北师范大学和考察沿线兰州市、张掖市、酒泉市、定西市和临洮县等市县广播电视台的热情支持,得到了考察团成员的大力支持。考察团成员、原国家文化部副部长郑欣淼老先生在百忙之中多次致电询问,亲切指导相关问题;叶舒宪教授担任学术顾问,易华研究员在百忙之中亲自审核、修改了文本,作家、丝绸之路杂志社社长冯玉雷担任文学指导,并提供了由他作词、赵小钧作曲的主题音乐和主题歌《莲花》。冯玉雷和孙海芳还提供了大量有关石峁古城、马衔山的照片。作家、阿克苏地区人大主任卢法政,考古专家刘学堂,安琪博士等都给予了各种帮助和支持。国家一级书画家、陕西书画研究院副院长郭钧西先生为本片题写了片名。

二、主要内容

《玉帛之路》纪录片共四集,分别为《玉出昆冈》《驿路寻玉》《玉振金声》和《玉耀陇原》,每集60分钟,总时长240分钟。该片通过对"玉帛之路文化考察活动"这一"现实事实"的客观纪录,全面反映了专家学者对"玉帛之路"的背景研究、路线研究、玉资源研究、齐家古国研究和华夏史前文明探

图139　徐永盛

讨，集中展示了产生于陇原大地上的马家窑文化、齐家文化、四坝文化、火浇沟文化、沙井文化、辛店文化的独特魅力，全景再现了华夏史前文明时期"玉石之路"产生、发展、演变的"历史真实"，理性探讨了玉石神话信仰、神话王权建构和玉所承载的以"和合精神"为代表的核心价值，阐释了陇原大地对华夏文明发祥、传承的必然关系和积极影响，说明了甘肃是中国远古时代文化改革开放融汇的前沿和华夏文明重要的发祥地。

正如古诗所言，"良玉假雕琢，好诗费吟哦"。一个市级电视台要承担如此宏大、厚重的选题，确实显得有些力不从心。但是，创作团队坚信，只要有一颗如玉般虔诚的心，有一种真诚的激情，贫瘠的土地也会开出奇葩。

一是合理叙事，注重品位。纪录片创作力戒常规式的考察游记纪录，在注重史料性、学术性的同时，兼及艺术性、文学性，努力打造一部如玉的具有品位的作品。为了实现这样的目标，作品努力实现两条线的叙事：一条为明线，即以考察活动的日程安排为故事，强调现实真实；一条为暗线，即"玉帛之路"的背景介绍、路线研究、玉资源研究、承载的历史文化意义和社会意义的阐述，强调历史真实。在明暗交替的叙事中，推进作品。

二是围绕主题，精心布局。通过纪录片实现知识普及，帮助更多的受众有效解决疑惑，形成共鸣，是创作这部纪录片的目的。虽然这次考察活动只走了"玉帛之路"的一段路程，但作为一部完整的纪录片，需要比较系统地进行主题的传播。在每一集的设计中，我们努力做到立足考察活动故事点，延伸玉石学术知识点，点破纪录主体关键点。

三是注重细节，讲究审美。2014年"玉帛之路文化考察团"成员中，有专家学者，有作家，还有文化书写者，集体智慧的结晶注定我们的努力必将结出丰硕而饱满的果实。因此，在纪录片的创作中，我们努力克服枯燥单调的学术介绍，通过故事化的情节，通过细节的叙述，通过情感的渲染，赋予文化遗址一定的情感，让物质化的文物承载一定的思想，让那些永远长眠于史册中的信物活起来、立体化起来。纪录片中既有对陇原大地人文环境和自然环境的描写，使枯燥的田野考察活态化；又通过现场的感受体验，实现古与今在视野与人文上的一统。在解说的方式上注重创新，大胆采用男女混配、女声侧重解说，总体营造史前文明悠长、玉文化温婉的氛围；男声侧重旁白，充当现场考察者的替身，在感受中率性表达，在思考中随意叙述。在两者的交互式进行中营造纪录片跌宕起伏的节奏，体现纪录片的美感。在画面的编辑中，除了现场的拍摄素材外，大量调取资料性图片，增强现实性；合理使用写意性画面和虚景，以保证纪录片的艺术品质。

三、感念展望

艰难困苦，玉汝于成。从2014年6月—2015年6月，我和团队的成员们神游在三山五岳，神吒于三皇五帝，踟蹰在陇山陇水，听那高山流水间的玉之赋。截至目前，初步完成了纪录片的创作。回望过程，五味杂陈，百感交集。风沙磨砺俏玉容，与"玉帛之路"学术考察的各位专家学者在一起的日子里，在为了纪录片创作而识玉、解玉、感玉、写玉的日子里，总会想起王勃的那首《滕王阁序》：

三尺微命，一介书生。有怀投笔，无路请缨；今兹捧袂，喜托龙门；敢竭鄙怀，恭疏短引。

正是考察团成员如玉般的君子之心、君子之德，激励着我在平庸的现实中不甘平庸，在纷繁无味的尘世里耐住了寂寞，守住了清贫，而无怨无悔地去做这样的一些事情，至少还能在有所自卑的心田里有一些聊以自慰的感动。在今后的日子里，我将携各位专家学者的激励继续前行，恪守君子比德于玉的操守，认真虔诚地去写每一篇稿子，去做每一部片子，去对待生命中经历过的每一个人和事，真诚寻找安放心灵的家园。

在"玉帛之路"上历练成长

冯旭文　《玉帛之路》纪录片摄像、编辑

能参加此次"玉帛之路文化考察活动"，我感到很荣幸。跟着叶舒宪、易华、刘学堂等这些专家学者学习，使我在做电视纪录片的过程中又一次近距离地接触到了中华史前文明，感受到了华夏文明的博大。

如果说十多天的随团拍摄是对我体力和拍摄能力的检验，那么四集电视纪录片《玉帛之路》的后期制作对我来说就是一次电视专业知识和历史、地理知识的检阅。尽管做电视纪录片已经多年，但历史文化方面，我只接触到过武威2000年前的历史知识，而这一次要探寻华夏4000年前的文明，面对这一宏大选题，我最初的感觉是眼前一黑，无从下手。好在有编导徐永盛的鼓励和鞭策，时隔1年，当我再次浏览拍摄

图140 冯旭文

素材，回味那十多天走过的行程，难以忘却的一幕幕又浮现在眼前。

民乐东灰山遗址发现的远古时代的小麦、大麦和黄金，张掖高台发现的魏晋时期彩绘壁画等，将华夏文明史前、上古、中古层层文化承接、贯通。张掖境内的四坝文化覆盖了整个河西走廊，与齐家文化、马家窑文化都有交集和碰撞……

考察团成员不顾烈日炎炎，徒步在沙漠中行进六七公里，意外发现了先民们用过的玉角料，使专家们对"西玉东输"的玉资源集散地有了新的认识，突破了单一的新疆和田玉局限，带来了更广阔的思考和研究空间。

烈日当头，酷热难挡，戈壁沙漠的干燥似乎要夺去所有生物体内的一点点水分。就在这样的天气里，考察团来到了接近新疆地界的玉石山。就在考察团沿河沟进入玉石山中却不见宝玉、进退维谷的境况下，犹如神助，我首先发现了一块质地上乘的"山流水",叶老师称赞我是玉的"有缘人"。这意外的收获给了考察团更大的信心,当下决策放弃入山打算,抓紧时间反向行走,向着水流曾经淌过的下游方向搜索。走到山下平缓地带,果然逐渐看到有一些散碎玉石,被冲击到坡地上,俯拾即是。原来在乱石嶙峋的地表上不易找到好的玉石,反倒是在河沟边沙地上,容易看到水流冲刷出来的玉石。大家重新打起精神,分头捡拾起来……

穿越扁都口、走进齐家坪……绵延4 300多公里的征途上,围绕史前文化——齐家文化遗址而进行的探索和发现贯穿始终,为期两周的考察取得了重要成果。

这么重大的题材,对于一个市级电视台的记者来说是一场考验:远离自己了解的地理范围,超越常用的历史文化知识,我深感自身知识的匮乏。但使命所系,激情使然,我只有迎难而上,以重新学习的态度反复研读脚本,重新拾起历史和地理知识,上网查阅资料,反复揣摩编导意图。经过一个多月的"痛苦煎熬",终于完成了四集240分钟的纪录片后期制作,幸甚!

"玉帛之路"的空灵之音

袁　洁　《玉帛之路》纪录片解说

有人说,一部华夏文明史,就是一部玉的历史。

玉,温婉儒雅的君子风范,润泽以温的胸襟气度,唯美地穿过历史长河,在时代的大潮中蹁跹而舞。历史的芬芳张扬着博大精深的民族文化,凝固的艺术演绎着感人肺腑的千年传说。

"玉帛之路",承载着华夏文明起源与民族灵魂的道路,记录着4 000年前东西方文化交流的智慧和成就，谱写着一曲曲和平友好、繁荣和谐的千古绝唱！

面对玉、帛这些极富灵性的字眼，面对四集电视纪录片《玉帛之路》这样一个穿越古今、题材庞大的作品，作为承担纪录片解说任务的我来说是一次超越极限的挑战。

图141　袁洁

一、身临其境，感知作品

找准作品的主体对象和特定环境，身临其境，使自己始终与之合而为一，与之产生心灵上的交流与共鸣，这是解说者必须达到的境界。

四集电视纪录片《玉帛之路》以近6万字的宏大叙述，溯源古今，详细记录了玉文化在华夏文明中的兴起、传播和产生的巨大影响，"玉帛之路"的文化背景及"玉帛之路文化考察活动"的重大意义等。作品文辞优美，构思巧妙，通过"玉帛之路"考察活动明线和玉帛文化探究暗线循序渐进式地表述古往今来人们惜玉爱玉的美好传统，主题突出，共鸣强烈，表现手法新颖独特，情感表达丰富细腻。

作品赋予"玉"一定的生命气息和色彩：每一块玉，都有她的神话信仰；每一块玉，都是人类文明前行的巨大动力。研究"玉石之路"，其实是在研究玉石所承载的神话信仰与价值观的传播与认同。玉文化研究课题，已成为探寻中华文明起源和核心价值的崭新途径。当人们真正读懂了中国历史，就会清晰地发现：贯穿整个华夏史、融于中华民族血液、浸润整个国人灵魂的,是玉。透过玉,我们会看到文明与野蛮、战争与和平、贫穷与富强、开放与封闭、王权象征与君子理想。作品对"玉"充满灵性和神秘色彩的描述,千百年来人们寻玉、藏玉、赏玉、佩玉的执着,专家学者对玉石研究的痴迷,令我心驰神往,感念不已。在我眼中,"玉"就像一位灵性十足、温文典雅的清丽女子,毫不张扬地灿烂绽放,静静地翘首企盼着与爱她、寻她之人的相逢。

为了贴切地表述文稿,感染受众,解说中,我始终将自己置身于作品之中,化身为玉的情感和思维,喜玉之喜,爱玉之爱,说玉之语,抒玉之言。虽然我的面前只有一支黑色话筒,但我仿佛早已化身为空谷幽兰的通灵玉女,冷静委婉、理性含蓄地将自己的前世今生向人们娓娓道来。

二、以声传情,表述作品

纪录片《玉帛之路》通篇贯穿着浓浓的情感纽带。穿越华夏文明史,以"宁为玉碎"的爱国气节、"化为玉帛"的和谐理念、"润泽以温"的君子气概为核心内容的玉文化光芒四射,彪炳千秋。数千年来,人们寻玉、惜玉、爱玉、佩玉、以玉为骨、以玉为魂。玉的情感纽带已深深地流入中华文明绵绵的血管里,成为中国人独特的精神向度和情感追求,并演绎成社会主义核心价值观的精髓与象征。因为玉,人们走到了一起,实现了民族的团结和复兴。

为了将自己的情感和作品基调融为一体,我翻阅了大量有关华夏文明、丝绸之路、玉石文化、玉帛之路、齐家文化等方面的学术资料,对"玉帛之路文化考察活动"的整体情况和背景意义以及玉文化的传播知识有了一定了解和储备。通过一遍遍通读纪录片文稿,加深了对作品和文字的理解把握。通过仔细聆听研究《台北故宫》《故宫》《丝绸之路》等优秀电视纪录片的配音技巧，认真推敲、揣摩在解说情感、节奏、语气、语调及停、连、重音等各方面的把控拿捏，找准感觉，强化状态。在每集40多分钟的解说里，我始终坚持做到心随文转，言随情出，以声传情，一气呵成，努力将自己的思想感情和作品所要表现的主题内涵、情感脉络融为一体。在悠悠埙声、叮叮当当的驼铃声中倾诉着玉女的空灵绝唱，讲述着华夏文明数千年的史诗。玉出昆冈，我在数千年的史前文明长河里探索发现，在纷繁迷离的史实中钩沉，在抽丝剥茧的探究中玉汝于成。那份荣耀，那份欣喜，不言而喻；驿路寻玉，穿越河西走廊这片热土，我在一路的考察行走中用大量史实和遗址证据娓娓道出了西部之玉的存在姿态；玉振金声，我在悠悠古道吟诵着东西合璧、和平友好的和谐诗篇；玉耀陇原，我为甘肃这片神奇而美丽的土地上创造出的以"和"为贵、"化干戈为玉帛"的"民族和合"精神而歌而唱。在总时长达240分钟的解说中，我尽力以自己对作品的深度理解来表达真实的情感，力求通过以情传情、声随情出的解说为作品锦上添花。

三、和谐共舞，提升作品

我们的团队在继往年屡次获得全国、全省各种奖项的基础上创作《玉帛之路》，无疑是对我们的再检验、再提升。为了创新，编导徐永盛撰写文本时，摒弃以往从始至终一人解说的风格，大胆采用男女混配，用两种完全不同的解说风格和语感营造出纪录片跌宕起伏的变化节奏，体现独到之处。由我解说的女声部分侧重营造史前文明悠长、玉文化温婉的氛围，男声部分则以记者现场感悟式的旁白来强化现场表述。两者的结合就仿佛温文典雅的玉女在远古和现实的时空中穿行，时而低语、时而放歌、时而倾诉、时而思考，就在玉女凝神思考之际，睿智儒雅的学者翩然而至，用冷静的分析、抒情的语境、理性的感受一语中的展开评述，让人们通过不同的语境感知不同的意境，体会穿越古今、跨越时空的身临其境之感，从而为受众开启一扇扇承载着远古与现实、智慧与思考的想象之门，以此感染受众，产生共鸣，提升作品。

值得一提的是，纪录片中对专家学者、考察团成员画龙点睛式的同期采访，增强了纪录片的学术价值，也增强了纪录的现场感和鲜活度。此外，编辑手法的创新，各种音乐、特效的使用也为主体烘托增光添彩。由冯玉雷作词、赵小钧作曲、杜丹演唱的主题曲《莲花》，意境悠远，感情充沛，余音绕梁，浮想联翩。纪录片中各种音乐的精心选取与使用，情理交融，音画和谐。尤其片中时隐时现的阵阵古埙声，仿佛顷刻间就将我们带入了远古时期，进而引发无尽遐思。正因为团队的合作精神、各种元素的和谐一致，才有了今天的《玉帛之路》。

古道遗风，往事如烟。穿越《玉帛之路》，华夏远古文明已站立在我们对面，触手可及；走过《玉帛之路》，未来的征程正等待着我们去挖掘和探索。艰难困苦，玉汝于成，我们将秉承玉的精血和气脉，在玉帛之路上携手并进，开拓创新，续写出一段段和谐友好、团结奋进的时代乐章！

悠悠古道　娓娓道来

高应强　《玉帛之路》纪录片画外音旁白

当得到《玉帛之路》话外音配音任务时，我感到非常惊讶和意外。尽管我曾经当过主持人，但离开播音岗位已经整整12年了，再次面对话筒，竟不知如何张口，如何说话。拿到稿件后，我

图142　高应强

认真研读作品，不知不觉被作品深深吸引。作品优美的语言、磅礴的气势、丰富的知识内涵、纵横捭阖的构架，让人惊叹。

对于这样一部作品，如何才能准确体会作者的创作意图，恰如其分地表达呢？

我想到，作者为什么要设置话外音？它与正常的解说之间是一个怎样的关系？从作品设置的话外音内容来看，都是创作者的主观所见、所思、所想。它似乎跳出了主体内容，是创作者奋笔疾书时，燃起一支烟，沉思的结果，又似乎是创作者在随玉帛之路考察团一路感受。

怎样去处理话外音的播音方式，才能既与解说词有所区别，又与通篇作品融于一体？

一开始，我就努力把自己想象成一名考察团成员，和他们一起看着兰州街头的雨滴，看着荒原上的遗址废墟，看着那只来回走秀的山羊,尽量用一种平实的语调去讲述。经过一遍又一遍的尝试,反复录音、回放、体会后,我最终完成了录制。虽然不知道结果能否会得到观众的认可,但对我自己而言已是尽力,不再后悔。

穿越丝路　纪录玉帛
何成裕　《玉帛之路》纪录片摄像

"十年磨一剑",在新闻行业历练10个春秋,在徐永盛总监的点兵下,我有幸跟随"玉帛之路文化考察团"进行纪录片的拍摄。一路上,我用镜头真实记录专家学者踏查的脚步,用心记录他们面对远古文明的所思所想,全面记录沿线城市的历史文化。专家们的认真、刻苦、勤奋、博学,不仅存储在了磁带上,也深深刻在了我的大脑里。我们一路走,一路聊,一路请教学习。走得久了,我发现,我不仅仅只是一个观察记录者,而是真正参与其中,融入其中。

白天考察,夜晚采访。在定西,我们用宾馆的灯具搭起一个简易的演播室,采访叶舒宪、易华、刘学堂等专家学者。从他们的言谈中,我触摸到了可感可触的中华史前文明,体会到了"玉帛之路文化考察活动"的重大意义,更看到了陇原大地的无尽魅力。

我们在炎炎烈日里穿越戈壁,翻

图143　何成裕、徐永盛、冯旭文

山越岭,探沟涉水。17天时间,4 000多公里,吃苦了,受累了,但最大的欣慰是拥有了一分收获。不易!这将是我人生中巨大的财富。它们将会一点一滴地积累、发酵,使我更加强大。

我会为了自己酷爱的电视事业继续前行。

穿越在史前古道上

赵建平 《玉帛之路》纪录片编辑

2014年7月,我有幸与来自全国各地的专家学者一同走过"玉帛之路文化考察活动"武威至民乐段考察。听着专家们的考古故事,渐渐感觉自己穿越到了远古。走在张掖古硖口的小道上,我似乎看到昔日熙熙攘攘的人群从这里通过,路边的石砖透露着昔日的繁华。徒步走在夕阳下的四坝遗址,发现了曾经在教科书上出现的石器。站在东灰山,眺望远处一大片一大片的玉米地,感觉东灰山的先民离我们很近,我们吃的食物和他们息息相关。还有艾黎的国际主义精神、扁都口的狭长古道,都让我对这次考察活动越来越感兴趣。回来后的日子里,我总是在不经意间去关注搜索与之相关的地方和文化,也常常关注那次考察团的活动以及专家学者们的考察专著和手记。

2015年4月,我加入了四集纪录片《玉帛之路》的后期创制团队。拿到文稿,我就被深深吸引。波澜壮阔的叙事、大西部壮美的风光、史前文明的悠久灿烂、玉文化的深邃,在近60 000字的叙述中一一展现。而解说和画外音交互的表现形式,更是令人耳目一新。很长一段时间,我都把精力投入到反复阅读脚本,领会编导创作思想,体会配音解说的意境当中。同时,仔细学习观看《河西走廊》《探索发现》等历史人文类题材纪录片,认真揣摩制作手法和编辑思路,反复与徐永盛编导

图144　赵建平

和团队成员们交流、沟通,通过学习、体会、感受,进而寻找那种"二次创作"的激情和状态。投入制作后,我通过画面进一步了解了齐家文化、河西走廊、大夏古国、华夏文明,了解了更多关于玉的故事,也越来越崇尚玉文化。

后期编辑制作是技术,更是审美的艺术。在后期制作中,首先,我考虑的是对历史、文化和脚本的严谨和尊重。文稿中提到的每一段历史、每一个地方和文化,画面都不能出现表达上的错误。这次脚本创作最大的特点,是解说和画外音配合出现。为了能突出这一特点,在解说时,画面节奏稍缓、远景、大景、特写、流动等画面成组表现,大量空景和沉稳、舒缓的音乐更是表达出历史文化的久远与厚重;画外音的画面则节奏稍快,音乐也比较轻松、愉快,更多的表现考察团的行进和行进中的感受。其次,音乐的运用也是费尽心思。制作突出了原创主题曲《莲花》。在每一集中,我们都根据文稿的内容和意境,将伴奏和演唱版有机穿插运用。朗朗上口的优美旋律更容易使观众产生共鸣,加深印象。本次考察活动所到达的甘肃玉门火烧沟遗址,曾出土父系社会晚期至奴隶社会初期的埙,这是一种远古时期特殊的乐器。在240分钟的片子中,不时会响起埙的旋律。我们特意通过悠扬的埙声,引导观众身临其境,感受远古文化的魅力,进而实现与古人的对话。另外,在文稿中一旦出现悬念和疑问时,会出现神秘的音乐或戛然而止的音效,以此来增强节奏感,吸引观众的注意力。

从纪录片创制初步完成那一刻起,一直心存忐忑。因为很多画面对历史文化的诠释和表达还有不准确、欠推敲之处,音乐传情也有不当之时。当一部作品在制作完呈现在世人面前时,不仅要接受溢美之词,更要用心倾听鞭策的意见,只有这样才能时刻激励自己,反省自己,提高自己,制作出更好的作品。

通过《玉帛之路》的制作,我深深明白了:一个志同道合、配合默契的团队会传递出无穷的正能量。君子比德于玉,哪怕再苦再累,没有回报,我们也会永远在一起,也会拥有春华秋实的收获。

图145 《玉帛之路》记录片创作团队

玉振金声丝路开
——易华研究员在首届中国玉文化高端论坛上的发言

玉石之路、丝绸之路都很重要,但我认为其两者之间还有一个青铜之路(也叫作"黄金之路")也很重要,将三者结合,才能形成一种多旋律的探索。这三条路是有先后关系的,玉石之路是最早的,紧接着是黄金之路(青铜之路),丝绸之路晚一点,三者相互作用,形成了多元的文化格局。

东亚新石器时代可以称之为玉器时代:红山、良渚、齐家文化是中国玉文化的三座高峰。然而,西亚及附近地区金崇拜亦源远流长。古代埃及、两河流域、印度河流域及地中海周围地区均崇拜黄金。英国罗森夫人和中国邓聪先生最早注意到并正式提出了论述。

一、玉石之路

早在1966年,日本近山晶就提出中国古代存在一条与"丝绸之路"并行的"玉石之路"。1994年,臧振在《人文杂志》发表《玉石之路初探》,明确提出了"玉石之路"概念,并大胆地将良渚、石峡文化玉器与西域联系起来,认为开通"玉石之路"的很可能就是以玉为兵的黄帝族,他同时在《丝绸之路》发表文章宣称"玉石之路"是"丝绸之路"的前身。1995年,张如柏对中国古代"玉石之路"进行了探讨,提出游牧民昆仑—祁连一带的月氏、塞人和羌人在"玉石之路"上起了关键作用。早在1989年,杨伯达就注意到了"玉石之路"的存在,2004年,他对"玉石之路"网络进行了重新具体勾画。2002年,巫新华结合考古学和地理学对"玉石之路"进行了溯源。

如今，有关玉石之路的成果有1. 王仁湘著作《彩陶与玉石：前丝绸之路探索》；2. 干福熹发表于《广西民族大学学报》(自然科学版)2009年4期的《玻璃和玉石之路——兼论先秦硅酸质文物的中外文化和技术交流》；3. 叶舒宪、古方主编《玉成中国：玉石之路与玉兵文化探源》；4. 电视纪录片《玉石之路》；5. 梵人等著《玉石之路：消失在古墓中的历史》；6. 骆玉城等著《玉石之路探源》。

《穆天子传》记载穆王西行见西王母："吉日甲子，天子宾于西王母。乃执白圭玄璧，以见西王母，好献锦组百纯，□组三百纯，西王母再拜受之。"《汉书·地理志》记载："临羌西北至塞外有西王母石室，仙海，盐池……"临羌在今青海湟源东南。从

图146　玉石与玛瑙

《穆天子传》等文献的记载，考虑到当时的交通手段，西王母的原型在甘肃、青海至新疆东部的可能性较大，说明中原王朝与西域地区的交流至迟在西周中期之初的穆王时期已经开始。

二、玛瑙之路

此次考察的重要站点之一——阿拉善盟，是玛瑙的海洋。我们首先参观了博物馆，走廊上有玛瑙精品展。然后走访了玛瑙奇石市场，从十多年前几千元一卡车到现在上百元一克，价格疯长了成千上万倍。又在腾格里沙漠捡拾玛瑙，天老地荒，乐在其中。阿拉善玛瑙质地坚硬、色彩丰富，但与深红的西周玛瑙明显不同。阿拉善虽然有大量玛瑙，却不是西周玛瑙珠的来源。

现在看来沿史前丝绸之路进入中原的不只是和田玉，还有玛瑙，可能还有绿松石和水晶。玛瑙古称"赤玉"或"赤琼"。公元前三千纪的印度河和两河流域流行蚀花肉红石髓珠，该类饰物及其制造技术在欧亚大陆广泛传播。"肉红石髓"又称"红玉髓"或"光玉髓"，主要成分为二氧化硅。肉红石髓本为世界各地常见的玉石品种，但蚀花肉红石髓珠（Etched Carnelian Beads）常见于印度河谷和两河流域的古代遗址，已引起国内外学术界的关注。西周玛瑙非常稀罕，最早见于北方夏家店和殷墟遗址，主要出土于西周贵族墓葬，东周仍流行。韩城芮国梁带村遗址、曲沃晋侯墓地、平顶山应国墓地等处都有发现。

考古学已经证明西周玛瑙珠来自南亚或西亚，古人亦有记载。曹丕《马脑勒赋》序云："马脑，玉属也，出西域，文理交错，有似马脑，故其方人固以名之。或以系颈，或以饰勒。余有斯勒，美而赋之。"中国现存最早的文物鉴定专著明代曹昭《格古要论》亦云"玛瑙多出北方，南蕃、西蕃亦有，非石非玉坚而且脆，快刀刮不动"。狭义的玉，就指软玉，就是和田玉，广义的玉

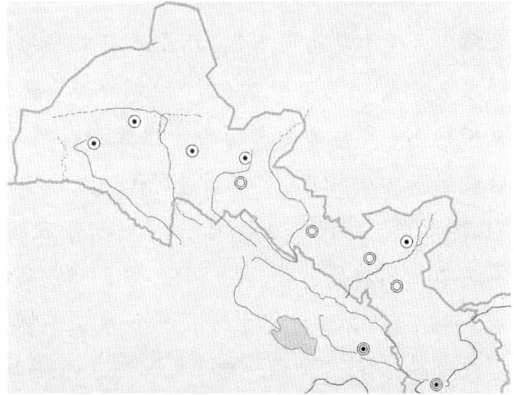

图147 游牧文化传播示意图

包括玛瑙、绿松石、水晶。因此,"玉石之路"不只是和田玉之路,还要考虑玛瑙、绿松石、水晶远距离交流的可能性。

现在,通过多种考察,我们基本可以认为西周玛瑙是由西向东传播的。绿松石是玉的一种,中国有,土耳其也有。中原地区,8000年的时候就开始使用绿松石,有可能与玛瑙一样也是由西向东传播的。因此,"玉石之路"不仅是多元多路的,更包含着丰富的内容,这些都是值得我们关注、研究的。

三、青铜之路

"青铜之路"与"丝绸之路"是一对相辅相成的概念。"青铜之路"活跃于夏商周三代,几乎没有文字记载,主要作用是由西向东传播青铜与游牧文化。"丝绸之路"繁忙于汉唐宋元时代,史不绝书,主要是由东向西传播丝绸与定居农业文化。两者先后相继而方向相反,可以说是"青铜之路"诱发了"丝绸之路","丝绸之路"取代了"青铜之路"。研究表明青铜技术的传播并不是孤立的现象,而与羊、羊毛、牛、牛奶、马、马车等技术的传播密切相关。"青铜之路"将欧洲和东亚纳入了以西亚为中心的古代世界体系,"丝绸之路"又加强了东亚与西亚、欧洲的联系。只有将"丝绸之路"与"青铜之路"相结合才能全面系统地理解欧亚大陆文化的形成及其相互交流与互动的历程。

四、金入华夏

夏商两代约1 000年,但东亚考古出土黄金不到1 000克。《史记·平准书》载"虞夏之币,金为三品,或黄,或白,或赤;或钱,或布,或刀,或龟贝"。《管子·乘马》载"黄金者,用之量也","金贵则货贱"。《管子·轻重》载"黄金刀币,民之通施也","先王……以珠玉为上币,以黄金为中币,以刀布为下币"。可见，从春秋战国开始，黄金就已被当作价值的尺度。

有关金玉关系的研究，可以参考乔梁《黄金与美玉：中国古代农耕与畜牧集团在选取首饰材料的差异》(《2003海峡两岸艺术史学与考古学方法研讨会论文集》，台南艺术大学艺术史学系、艺术史与艺术评论研究所，2005)和黄翠梅、李建纬《金玉同盟——东周金器和玉器装饰风格与角色演变》。

从目前已知的考古发现来看，金玉关系对应的研究集中在以下方面：玉玦与金环、玉簪与金冠、玉璜与金项、玉镯与金钏、玉韘与金戒、金带与玉钩、玉覆面与金面具、金鞘与玉具、金印与玉玺、金杯与玉卮、金权杖与玉杖首、金书与玉册、玉帛与金锦、通灵宝玉与长命金锁、玉作与金工等。

织物加金，早在秦代以前就已出现。法门寺地宫发现的唐代的织金锦，是我国迄今为止发现的最早的织金锦实物。北方游牧民族酷爱织金锦，因为北方寒冷少水，周围的色彩较单调，唯有犹如太阳光芒般金光灿烂的金色，才能给生活在广漠中的人们带来一丝生机。我们考古发现的金缕玉衣、银缕玉衣、铜缕玉衣、丝缕玉衣就是充分的体现。

昆仑山下盛产和田玉，体如凝脂、温润光洁、贵重超群、闻名天下。阿尔泰山蒙语意为"金山""七十二条沟、沟沟有黄

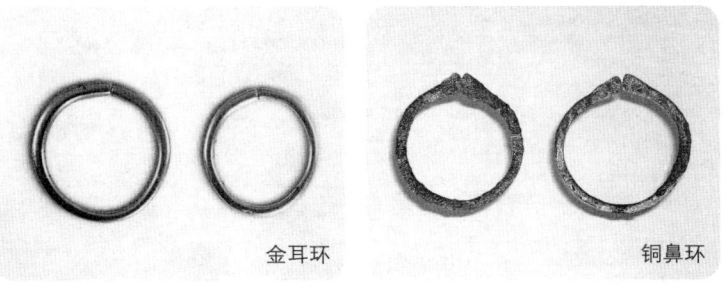

金耳环　　　　　　铜鼻环

图148　天山北路金耳环与铜鼻环

金",举世皆知。穿越沙漠戈壁访古寻玉到马鬃山,清晨深入地下十来米,见到了梦里寻她千百度的马鬃山玉;傍晚参观明水汉代古城堡顺便登上杨增新要塞,意外遇见金山金矿。马鬃山地区有色金属矿藏如此丰富多样,以至于有好矿而无好水。明水缺水不缺金。玉脉与昆仑山藕断丝连,金属与阿尔泰山遥相呼应,金玉交响马鬃山!

"甘肃玉"之我见
——丁哲博士在首届中国玉文化高端论坛上的发言

6月15日上午,草原"玉石之路"考察团一行考察了马鬃山玉矿遗址,现在我向大家汇报一下我对以马鬃山玉、马衔山玉为代表的"甘肃玉"的粗浅认识。这只是一个根据区域暂定的不成熟的泛称。

图149 马鬃山玉矿遗址

马鬃山玉矿遗址位于甘肃肃北县马鬃山镇西北约20公里的河盐湖径保尔草场戈壁滩处，遗址面积约5平方公里，遗址内首次发现作为拣选玉料作坊的半地穴房址、玉矿周围的防御型建筑，以及地面式石围墙作坊。马鬃山玉矿遗址初步确定年代为战国至汉代，是中国已发现的最古老的玉矿遗存。

从官方发表的资料及我们在遗址附近采集到的玉料看，马鬃山玉玉料成分为透闪石，属于古人心目中的"真玉"。颜色主要为黄绿、灰绿色、青灰色，大部分呈不透明，其质地较松、脆，浅绺裂较多，内部常泛有浅赭色色斑及饴糖色藻丝状沉积结构纹。类似马鬃山玉的玉料，在甘肃临洮马衔山也有发现，即马衔山玉。马鬃山

图150　马鬃山玉矿遗址

玉、马衔山玉可以认为是甘肃地区出产玉料的代表。

在今山西侯马地区及其周边地区的战国早中期遗址中出有大量与马鬃山玉、马衔山玉特征极其接近的玉器，这似乎找到了战国时期马鬃山玉矿遗址所出玉料的其中一个去向。实际上，

自史前至春秋时期,有大量玉器的质地与以马鬃山玉、马衔山玉为代表的甘肃地区出产的玉料存在着一致性。当然这只是初步目测,相关深入研究即将展开。

以马衔山、马鬃山为代表的"甘肃玉",质地精优者不逊于和田玉。更重要的是,甘肃玉矿具有新疆不可比肩的地理优势和交通条件,其位置较接近中原,且水道为大型玉材运输提供了巨大便利。学界、收藏界常认为新疆和田玉为商代至战国时期之主流用玉,而忽视了甘肃省蕴藏的丰富玉矿资源,现在看来有必要重新检视这种认识。在距今4 000年以来的"玉石之路"上不仅仅输送的是和田玉,也应当包括了大量甘肃地区出产的玉料。

以马鬃山玉、马衔山玉为代表的甘肃地区出产玉料可能改写中国玉文化史,当然这只是初步推测,尚需日后相关综合研究进行验证。

文学人类学研究方法与丝路内涵的充实
——张德芳馆长在首届中国玉文化高端论坛上的发言

非常高兴能够参加今天的会议,去年的"中国玉石之路与齐家文化研讨会"暨"玉帛之路文化考察活动"我也有幸参加了,并在瓜州与考察团一同进行了野外调查。今年,考察团走的这条路线,我一直十分关注,特别是居延的调研。因为学术研究的需要,我本人多次到过居延进行考察。还记得初到居延时,我心情十分激动,还写过一篇小文章——《小小居延海连着中南海》。因此,我特别关注这次考察,并对考察团的各位专家学者表示由衷地敬佩。各位同仁在叶舒宪教授的带领下长途跋涉几千公里,穿越大戈壁,考察马鬃山,因为我有过穿越戈壁的经历,所以我十分了解其中的艰辛。我非常佩服大家读万卷书，走万里路的精神。同时，各位学者对学问的敬畏之心和开拓性的研究方法也带给我很多启发。在这里，我想表达自己的两点看法。

第一，现在通行的"丝绸之路"的概念是约定俗成的，就是李希霍芬在1877年出版的《中国——我的旅行成果》中提出的：从公元前114年到公元127年，中国于河间地区以及中国与印度之间，以丝绸贸易为媒介的这条西域交通路线。后来，"丝绸之路"变成了一个象征符号，丝绸并不是这条路上唯一的交易对象，我们所讲的"玉帛之路""黄金之路""瓷器之路""香料之路"等都可以包含在其中。有学者提出，"丝绸之路"仅从丝绸角度来讲，早就存在了，根据是巴泽雷克大墓中发现的丝绸以及克里米亚半岛刻石发现的丝绸印痕和埃及女王身着的纱衣。因此说，公元前五六百年时，丝绸之路就已经存在了。也就是说，"丝绸之路"与"玉石之路""青铜之路""青金石之路"一起，早就通过游牧民族的迁徙存在了。

图151　甘肃简牍博物馆张德芳馆长发言

从人类发展史来讲，如叶先生所言，有文字记载的历史仅有几千年。中国从甲骨文算起，也就3 000多年，这相对于长达几百万年的人类发展史来说实在太短暂了。更何况，文字也未必就能如实地记录历史的本来面貌。现在，有一些观点认为二十四史未必靠得住。所以说，人类发展中的很长一段历史，需要我们用现在的新方法来研究它。旧石器时期，人们的生活相对简单。人们从非洲大陆到亚洲、美洲，完成了周游世界之旅。新石器时期，由于农业的产生，人类过着相对定居的生活，并出现社会分工，游牧民族与农耕民族并存。农耕民族相对安定、保守，有归属感、安全感；游牧民族，尤其是北方的游牧民族则相对奔放、灵活。例如印欧民族——塞人，从黑海沿岸跨过地中海、西班牙、葡萄牙到达北非，再经过里海到达中亚，一直接近中国新疆地区，其活动、迁徙范围非常辽阔，我们新疆地区的乌孙、月氏应该也是塞人的一支。在这种大规模的迁徙过程中，无论是"玉石之路""青金石之路"，还是"青铜之路""丝绸之路"，其本质上都是各民族之间的交往之路，时间是非常久远的。现在，我们通过田野考察充实了各条道路的内涵。我认为这是非常有意义的。

第二，我想谈一下叶舒宪教授从事的这种文学人类学的考察方法。这种方法特别值得大家关注，尤其是值得在座的各位同学学习。我是甘肃省简牍博物馆的馆长，简牍博物馆相对比较专，但从总体上讲，博物馆的功能就是对人类的过往遗迹、遗物进行搜集、研究、陈列、展示。除了文学人类学之外，现在历史学也正在向人类学靠拢。我们过去很多知识的传播及历史结构的建构都过于宏达，这使我们忽略了对细节的研究。王国维曾经讲到过二重证据法，得到后世学者的推崇，但实际上，二重证据远远不够，除了历史文献、出土文献外，我们要特别关注考古发现的研究和实地考察。我们现在可知的人类历史也就几千年，这与我们客观存在的历史长度相比还远远不够。我们总是讲沧海桑田，就以河西走廊为例，其地理地貌基本上应该与历史上的差别不大，当然，我们通过实地考察就能更确信这种学术推论。所以说，通过田野考察，更能促进跨学科学术研究。

关于齐家玉文化细部研究的建议
——朗树德研究员在首届中国玉文化高端论坛上的发言

首先感谢主办方邀请我参加今天的会议，这对我来说是一个很好的学习机会。去年的活动也邀请了我，但很遗憾，我没能参加，不过我一直在关注着考察的进行。使我感到很惊奇的一点是，考察的专家学者们调研了如此多的古遗址、博物

图152　甘肃省文物考古研究所郎树德研究员发言

馆，但大家都不是搞考古专业的，因此，我认为大家的考察开创了一种新的研究人文社会科学的途径。这种途径主要表现在"三结合"上，即书斋研究与田野考察相结合，历史文献与考古遗址出土物相结合，多领域、多学科、多地区相结合。下面我讲两个小问题。

第一个问题是，从外观入手，我们发现马衔山与马鬃山的玉和齐家文化玉器用玉十分接近，那么，如何确实论证这个结论是需要我们解决的问题。尽管历史考古界的同仁们也做了很多工作，但成果都不是很显著。五六年前，中国地质大学、国家文物局、社科院考古所、甘肃省考古所的专家们在甘肃、青海进行了考察，但截至目前，还没有明确的考察结果。关键的一个问题是，"二马"（马鬃山、马衔山）的玉料都是透闪石，属于软玉，但对于其具体成分以及其和齐家玉器成分的对比，尚没有科学的数据分析，这是我们希望能在今后看到的重要成果之一。我的研究方向是史前考古，最近几年，由于一些其他工作，没有将这方面的研究继续下去。我们发掘大地湾遗址时发现，7 000～8 000年前的史前人类就已经开始使用玉器了，后来的马家窑半山、马厂类型也都发现了用于实用和装饰的玉器。当年，我们也考虑到了玉料的来源，也前往马衔山进行了考察，结果发现马衔山玉料与大地湾出土玉器玉料不同，但至于其与齐家玉器玉料关系如何，我们不得而知。

第二个问题，我想讲一下标准器的问题。对玉器进行的研究都有一个标准器的问题，第一个层次是考古发掘出土的玉器；第二个层次是文博系统收藏的玉器，这些玉器一般都有确切的出土地点；第三个层次是民间收藏的玉器，这些玉器中有一部分是可靠的，也有一部分存在着严重的问题。最近

10年，市场上齐家玉器炒作得非常厉害，兰州也召开过几次齐家玉器的研讨会，但根据我的经验看，都是有很大问题的，有的扩大了齐家玉器的概念，有的错误肯定了一些东西。因此，搞清具体玉器的出土地点、流传经历都是需要我们仔细研究的方向。

另外，我还想说一点，易老师刚才讲的我很同意，"玉石之路"实际上也是"金石之路"。金，从广义上来讲是指金属，狭义上就是指金器。齐家文化的磨沟遗址出土的金耳环、金项圈是中国考古出土最早的金器。根据最近几年的考古成果看，大家越来越倾向于认为这些金器是从西边传过来的。玉石源自中国传统文化，而金则是从外面传入的，所以说我很同意"玉石之路"也就是"金石之路"的观点。

内蒙古的包红梅女士刚才讲了草原文化，而我们甘肃地区则与草原文化有着极其密切的关联。例如，产生于草原地区的石刃骨刀，在甘肃也普遍出现，但过了陕西以后就没有了。石刃骨刀的特点是骨器上有个槽，槽里边镶嵌着石头。甘肃出土的齐家文化石刃骨刀里边镶嵌的是铜片。本次考察中，相信各位专家都有很多收获，我期待着看到各位的成果。

三 新闻报道

1. 《丝绸之路》杂志制作三期专刊宣传、报道此次活动。分别为：

《丝绸之路·"2015草原玉石之路（第五次玉帛路）文化考察暨首届中国玉文化高端论坛"专刊》（2015年第15期，总第304期）。

图 153 《丝绸之路》专刊

图 154 玉帛之路文化考察活动成果专刊目录

图155 齐家文化专刊目录

图156 "2015'草原玉石之路(第五次玉帛路)文化考察暨首届中国玉文化高端论坛"专刊目录

《丝绸之路·玉帛之路文化考察活动成果专刊》(2015年第12期,总第301期)

《丝绸之路·齐家文化专刊》(2015年第13期,总第302期)

专刊全方位宣传、报道、介绍本次活动,包括启动仪式、专家考察手记、总结会等各个方面。

2.《人民画报》对"2015草原玉石之路(第五次玉帛之路)文化考察暨首届中国玉文化高端论坛"的报道。

"丝绸之路"的前身是"玉石之路",你造吗?

人民画报2015-06-12　17:47:05文化　玉石

甘肃阅读(192)评论(0)

6月8日,"2015'草原玉石之路(第五次玉帛之路)文化考察"活动在兰州正式启动,本刊记者受邀参加此次考察活动。考察团将在10天时间内行程4000余公里,穿越巴丹吉林和腾格里两大沙漠地带,沿途考察甘肃、宁夏、内蒙古多座博物馆及齐家文化遗址。

近年来,有学者根据从甘肃、青海等地区齐家文化及其他史前文化遗址出土的和田玉器等资料,推测距今约四千年前就有了"玉石之路"的雏形。"玉石之路"在汉武帝时被重新开发利用,张骞两次出使西域所走的"丝绸之路"正是在古代的"玉石之路"上拓展出来的。

本次考察的重点在于草原"玉石之路"中段的具体途径,探明从内蒙古额济纳旗向西到马鬃山,再向西通往新疆哈密的古代路网情况,寻找丝绸之路更深厚的文化根脉。本刊记者用镜头记录下这次寻玉之旅。摄影报道　秦斌/人民画报

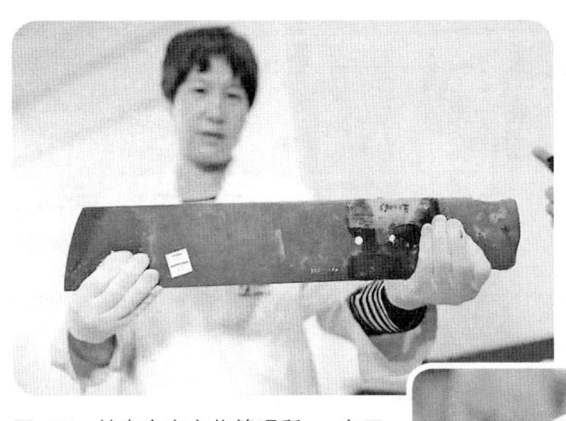

图157　甘肃会宁文物管理所，一名工作人员展示齐家文化"玉璋王"

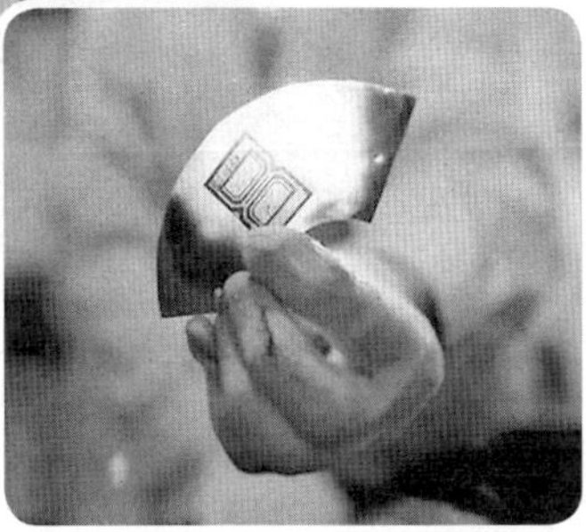

图158　甘肃会宁文物管理所，一名工作人员展示齐家玉璧

玉璋是史前至夏商时期的标志性的重大玉礼器，曾经在没有文字的时代流行过千年之久，商周以后逐渐失传不用。

以甘肃为中心的齐家文化是中国（也是世界）史前文化中最大批量地生产和使用玉礼器的一个西北地方的文化共同体。玉礼器体系是这一文化六百年历史的突出表现。

彭阳县文管所收藏的玉器以齐家文化为主，多为当地考古出土、采集和征集所获，虽仅十数件，但涵盖齐家文化玉器常见类型，且有不少精品，基本反映了齐家文化玉器的特征。

"2015草原玉石之路"考察团将先后途经会宁、静宁、隆德、彭阳、固原、西吉、海原、银川、阿拉善左旗、雅布赖、阿拉善右旗、额济纳旗、黑城、马鬃山、酒泉等地，行程4 000余公里。

图 159　专家在宁夏隆德沙塘镇和平村北塬新石器遗址考察

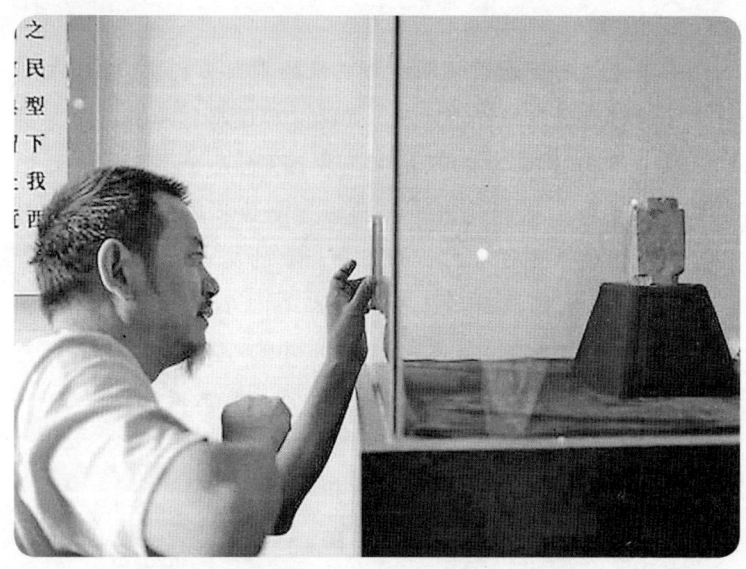

图 160　宁夏固原西吉文管所，专家易华对一齐家玉琮观察

图161 从宁夏隆德去往彭阳的路上,专家叶舒宪发现一处嵌有汉瓦的土堆

图162 宁夏彭阳文物管理所,专家丁哲鉴定一枚齐家文化玉琮

图163 宁夏彭阳文物管理所，工作人员展示齐家玉璧

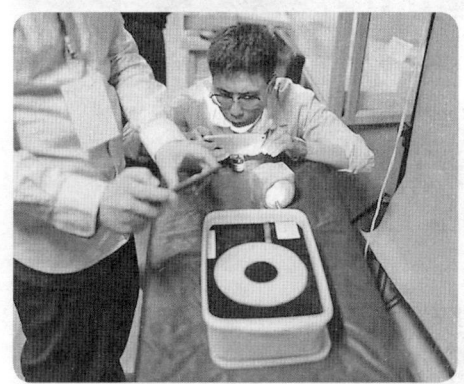

图164 宁夏彭阳文物管理所，专家鉴定齐家玉琮和玉璧

图165 通往银川的玉石之路

图 166 《人民画报》报道玉帛之路 I

图 167 《人民画报》报道玉帛之路 II

"2015草原玉石之路（第五次玉帛之路）文化考察"活动由内蒙古社科院"草原玉石之路"项目组、上海交通大学、甘肃丝绸之路与华夏文明传承发展协同创新中心主办，由西北师范大学丝绸之路杂志社、中国甘肃网、中国文学人类学研究会甘肃分会承办。

（编辑　黄丽巍）

3. 中国甘肃网对"2015'草原玉石之路（第五次玉帛之路）文化考察暨首届中国玉文化高端论坛"的专题报道。

随团记者金琼的考察日记：
《张振宇．穿越漫漫草原驼路》
《金琼．首届中国玉文化高端论坛在兰州召开》
《金琼．启程，找寻失落的文明》
《金琼．别了，西海固》
《金琼．行走阿拉善》
《金琼．草原文明的见证》
《金琼．黑城寻"遗"》
《金琼．穿越漫漫草原驼路》
《金琼．兵分两路赴马鬃》
《金琼．马鬃山寻玉》

考察团专家手记：
《叶舒宪．阿拉善采玉日——玛瑙神话谈》
《易华．金玉交响马鬃山》
《冯玉雷．众志成城　共筑文化》
《冯玉雷．荒原古道大穿越》

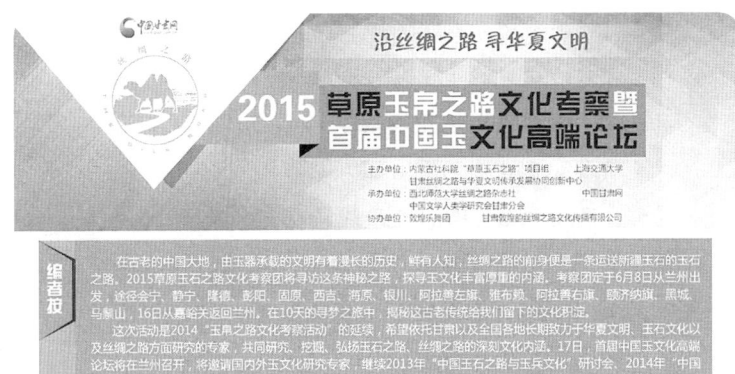

图168 中国甘肃网对草原玉石之路考察活动的报道 I

图169 中国甘肃网对草原玉石之路考察活动的报道 II

《冯玉雷.公婆泉》

《冯玉雷.弱水不弱》

《冯玉雷.北上额济纳》

《叶舒宪.阿拉善的陶鬲》

《冯玉雷.条条道路通草原》
《叶舒宪.西吉凤纹大玉琮之谜》
《冯玉雷.在草原大道中奔驰》
《叶舒宪.策克口岸的蒙古国玛瑙》
《易华.玛瑙之路：玛瑙与西周玛瑙》
《王承栋.千里单行西海固之三——凤凰纹玉琮》
《叶舒宪.6月15日马鬃山怀古》
《王承栋.千里单行西海固（一）》
《叶舒宪.夏地密码：六盘山之龙兴》
《冯玉雷.寻玉记》
《叶舒宪.会宁玉璋王：养在深闺人未识》
《易华.齐家璧琮漂流记》

4. 兰州晨报对"2015草原玉石之路（第五次玉帛之路）文化考察暨首届中国玉文化高端论坛"的报道。

本土电视纪录片《玉帛之路》开播

来源：每日甘肃网-兰州晨报　作者：雷媛　2015-07-06 07：18　编辑：穆好强

　　每日甘肃网-兰州晨报讯（首席记者雷媛）日前，由武威市广播电视台和《丝绸之路》杂志社联合创制的四集电视纪录片《玉帛之路》在武威电视台开播。
　　《玉帛之路》共有《玉出昆冈》《驿路寻玉》《玉振金声》和《玉耀陇原》四集，每集60分钟。该片通过以2014年7月启动的"中国玉帛之路暨齐家文化考察活动"这一"现实事实"的客观纪录，全面反映了专家学者对"玉帛之路"的背景研究、路线研究、玉资源研究、齐家古国研究和华夏史前文明探讨，集中展示了产生于陇原大地上的马家窑文化、齐家文化、四坝文化等的独特魅力，全景再现了华夏史前文明时期"玉石之路"产生、发展、演变的历史真实，阐释了陇原大地对华夏文明发祥、传承的必然关系和积极影响，说明了甘肃是中国远古时代文化改革开放融汇的前沿、是华夏文明重要的发祥地。

除以上新闻媒体的报道之外，新华网甘肃频道、凤凰网、中国社会科学网、中国丝路网等网站也对本次活动进行了宣传报道。

第六章

草原玉石之路
河套道考察活动

为了进一步论证和探索"玉石之路草原道"这一学术新观点，由"2015草原玉石之路考察团"中的部分成员组成的"草原玉石之路河套道考察"组，于2015年7月中旬，继续对河套地区进行了为期9天的实地探察。考察团围绕着晋陕蒙三省区的黄河沿线史前遗址，聚焦孕育文明的龙山文化分布，寻找玉文化传播轨迹。此次考察活动也是"玉帛之路系列"第六次考察活动。

考察时间： 2015年7月15—23日

考察成员： 叶舒宪　上海交通大学致远讲席教授、中国社会科学院比较文学中心主任
　　　　　　包红梅　内蒙古社会科学院文学研究所研究员
　　　　　　易　华　中国社会科学院民族学与人类学研究所研究员

考察过程：

7月15日11:00，考察组成员分别从北京和呼和浩特抵达包头市，于14:30在包头市博物馆。午后，考察组受到包头博物馆谭士俊馆长的热情接待，并在其陪同下参观了博物馆展品以及新布展的佛教唐卡展和泰安文化展，馆中所展出的史前文物多以石器和陶器为主。包头博物馆馆藏物品中没有发现史前玉器。考察团经采访得知，迄今为止，包头博物馆并未采集到当地出土的史前玉器。参观完毕，谭士俊馆长代表包头博物馆赠送考察小组成员有关包头博物馆的出版资料。

17:00，考察团在固阳历史文化研究会会长刘昊征先生的带领下，驱车前往距离包头市50公里的固阳县。18:30，到达固阳县金山镇，受到固阳历史文化研究会的热情接待，并住宿

在刘昊征先生提前联系好的宾馆。

7月16日早上，考察团在刘昊征先生及相关工作人员的陪同下参观当地收藏家姚建国先生的个人收藏品。姚建国先生不仅收藏古玩和奇石，更是花费巨大心思和财力收集、收藏了红色革命主题的诸多实物。考察团向姚先生仔细了解固阳当地史前文物尤其是玉石的出土、采集和收藏情况。9∶30，考察团在刘昊征先生及相关工作人员的陪同下参观了位于固阳县的规模浩大的国防人防工程——长条山和金山镇金山镇防空洞，并有幸提前目睹正在防空洞中布展的秦长城历史文化汇展。随后，考察团又考察了秦长城遗址。12∶30，考察团在刘昊征、姚建国等人的带领下，驱车赶往位于固阳县西平铺镇大乌兰村的历史遗迹——大乌兰城址。该遗址距离秦长城3公里，具体位于较为隐蔽的山洼里，沿四周山脊砌筑石墙围成，城址平面呈不规则圆形，石墙顶宽1米，残高0.4～1.5米，面积160万平米，当地人称"城圐圙"，其来龙去脉至今无人知晓。考察团在石墙外围的山顶高处发现了用天然大石头人工围筑而成的圆形祭祀天坛和方台遗迹。

16∶30，考察团驱车前往位于固阳县的北魏六镇之一的怀溯古镇遗址——百灵淖城圐圙古城遗址。该遗址已被当地农民犁耕，变为庄稼地。目前仅有古城曾有32个地础的古庙残址尚存。考察团在刘昊正等人处得知，该古城遗址曾出土过陶器等古文物，还在遗址周围庄稼地里采集到线纹黑陶残片作为本次考察的标本依据。17∶30，考察团驱车前往瞭将台村，在当地村民的带领下爬上瞭将台山，参观了全村人每年5月13日举行盛大祭祀的瞭将台敖包。19∶30，考察团来到瞭将台山脚下的一户农家院，与固阳历史文化研究会副会长郝双文会合，郝会长向考察团详细介绍了瞭将台村地界内新发现的月亮石矿的发掘情况。据他介绍,这里发现的月亮石矿脉面积20×40平方公里,月亮石为一种矿石,呈乳白色,在800℃～1 000℃高温下可变为蓝宝石、红宝石。对于为探寻河套地区史前玉石而焦虑的每一位考察团小组成员而言,这一信息是令人振奋的好消息。午夜12∶30,考察团驱车赶回了固阳县宾馆。

7月17日8∶00,郝双文会长带来有关月亮石的相关实验报告材料及月亮石标本,交付考察组。随后,考察团离开固阳,返回包头市,考察位于黄河沿岸的史前石城遗址。在包头市文物管理处执法办公室工作人员霍卫平先生的带领下,考察团考察了位于包头附近大青山西段南麓的阿善遗址。阿善遗址属于新石器时代的石城遗址,发现于20世纪80年代,总面积约5万平方米,由东西两个台地组成,圪膝盖沟从中部穿过并汇入黄河。目前,遗址由于当地园林部门植树造林而遭到破坏,几乎面目全非。考察团只能从前夜大雨积水冲下山来的旧痕依稀推测曾经的沟壑位置。考察团在遗址周围采集到新石器时代石斧2个、龙山时期线纹灰陶残片若干。

14∶00,考察团前往内蒙古鄂尔多斯东胜。15∶40,到达东胜,与当地向导巴图、鲍龙二人会合。17∶30,考察团在巴图、鲍龙的带领下,前往古玩市场调研当地出土、收集、出售的史前玉石情况,易华研究员留在宾馆等待特地从康巴什赶来接待我们的鄂尔多斯青铜器博物馆王志浩馆长。考察团调研了两处古玩市场,发现收集、出售的史前玉器数量可观,来源多种,不仅有当地出土、采集的龙山文化玉器、石器,还有甘肃齐家文化玉器、石器,而且不乏品质上等的和田白玉、和田青玉。20∶00,王志浩馆长带领博物馆三名副馆长和办公室马主任向考察团详细介绍了鄂尔多斯青铜器博物馆的建设、布展情况以及当地考古发现情况，陪同的马主任提供了当地敖包梁新出玉矿的消息，并用手机图片展示了玉矿发掘的样品。23：00，鄂尔多斯博物馆副馆长尹春雷与考察小组易华研究员相谈甚欢，更进一步介绍了当地墓葬考古的新发现、新内容。其中，当地墓葬考古发现汉代壁画涂用青金石染料的消息，对于探索中国"玉石之路"的考察小组而言无疑是一个重磅消息。

7月18日8：00，考察团来到鄂尔多斯青铜器博物馆仓库，参观库中珍藏的西汉壁画。壁画内容生动传神，色彩鲜艳，其中有青金石颜料。青金石作为一种玉石，其主产地在阿富汗北部山区，在地理位置上接壤我国新疆西部，中国古代所用玉料中罕见青金石。考察团推测，如果杭锦旗的汉墓壁画使用青金石作为颜料，那么从阿富汗矿区到中国河套地区，一定存在一条不为人知的运输路线，其最大的可能还是草原"玉石之路"。考察团还在库房中看到了西汉墓出土的彩色画像石。9：30，考察团前往康巴什，参观鄂尔多斯博物馆。博物馆系统展示了鄂尔多斯地区自史前到近现代的历史文物，其中龙山文化时期的三足鬲等陶器以及朱开沟青铜器等尤为发人深省。还有，从鄂尔多斯准格尔出土的绿松石、玛瑙以及北魏玉飞天、元代玉碗、清玉烟嘴等和田玉器的存在。这些为考察团的考察目的——"草原玉石之路河套道"的存在带来较为踏实的感觉。

14：00，考察团冒雨奔赴邻近的呼和浩特市托克托县博物馆考察，但由于县博物馆周六闭馆，考察团未能进入馆内参观。随即，考察团与呼和浩特市民间收藏家协会副会长张瑞峰先生取得联系，决定共同赶往托克托县古城遗址考察。17：00，考察团与张瑞峰先生会合，在张先生带领下察看位于喇嘛营子村由赵武灵王第五代孙赵武侯建成的云中古城址以及遗存的赵长城遗址。考察团在喇嘛营子村的田地里发现,遍地散落着陶器碎片和瓷器碎片,其中有龙山文化夹砂红陶、黑陶、厚沿陶缸残片以及北魏时期白瓷残片、元代黑陶残片和钧窑残片。19:00,回到农家院,张瑞峰副会长向考察团详细介绍了当地出土玉器情况:当地多墓葬,出土玉器也多,但多为北魏时期物品;当地古玩市场非常活跃,其中,玉器、青铜器也是常见售品;托克托县有黄河古渡口,并且黄河水道必有与之并行的陆路;云中地区曾出土过西汉时期莲花玉璧以及金缕玉衣的碎片,质地都是和田玉;包头地区肯定有玉,但只是目前未进行发掘;托克托县邻近的四子王旗、达茂旗都曾出土过玉器。同时,张瑞峰副会长根据多年的考察了解认为,和田玉从哈密经额济纳、阿右旗、左旗再到大同的"草原玉石之路"肯定存在。19:30,考察团从托克托县出发,三渡黄河,不料由于司机未系安全带,遭遇交警罚款并扣分,最终于21:30抵达准格尔旗薛家湾镇。简单用餐后,23:00,考察团送走一路热情做向导的巴图、鲍龙两位年轻人返回东胜。

7月19日8:00,考察团与张瑞峰副会长介绍的当地收藏家曹宏伟、王润生取得联系,并到曹宏伟家参观其珍藏的古玩物品。随后,在他们的带领下,考察团来到当地收藏家协会参观藏品、展品。在收藏家王润生的藏品中,考察团观赏到马家窑文化马厂类型陶罐、辛店文化双耳陶罐各一个。据推测,这是西北史前文化与鄂尔多斯地区发生联系的真切物证。最令人兴奋的是他所收藏的当地出土的一件龙山文化玉铲,这是考察团出发以来真实接触到的第一件鄂尔多斯地区采集到的史前玉器完整实物,为求证"草原玉石之路河套道"的存在提供了非常宝贵的证据。考察团还看到了另一位红色文化收藏家珍藏的史前礼器:一柄体积巨大、罕见的双面石斧以及当地出土的玉璜残片等。考察团通过与王润生等当地收藏家们探讨了解到，准格尔地区出土的陶器、玉器在考古文化层面上不仅与邻近的甘肃齐家文化、陕西石峁遗址玉器存在关联，也与"玉石之路"黄河道、草原道存在必然的联系。11：30，考察团在王润生、曹宏伟的带领下，驱车前往寨子圪旦遗址考察。寨子圪旦遗址坐落在准格尔旗南流黄河沿岸台地上，现仍残存有人工砌筑的石墙，台地高顶处现盖有土地庙一座。据王润生等人介绍，土地庙是当地百姓依照前人世代举行祭祀黄河仪式的位置建造而成。遗址周围遍布龙山时期黑陶，还杂有西周陶器残片。考察团采集到陶器足、石斧等龙山文化陶器、石器样品各一个。返回途中，考察团还考察了寨子塔石城遗址，并从遍地黑陶残片中采集了龙山时期陶器残片若干，以作为本次考察实物标本。

15：30，考察团与准格尔博物馆王永胜馆长会合，一同前往准格尔博物馆参观准格尔旗博物馆精美绝伦的铜器、金器、别具风格的藏传佛教唐卡展以及展现当地风土人情的民俗文化展。晚饭后，王馆长向考察团详细介绍了准格尔旗考古发现情况：准格尔旗当地出土的陶器鬲是由鼎与尖底瓶两种不同文化交融而形成的具有地方特色的新石器时代末期的陶器；准格尔地区出土文物在考古文化层面上多以龙山文化为主，但也有甘肃齐家文化的物品；准格尔地区出土了很多玉璜等玉器，大多散落在民间。

7月20日7：30，考察团来到距离薛家湾镇70余公里的龙口镇魏家峁镇收藏家黄德生家，观看了其珍藏的当地出土的玉璜断片和大量陶器、陶鬲，以及数量惊人的多种史前石斧，并从其藏品中选购6件石斧，作为考察标本。10：30，在收藏家黄德生的带领下，考察团前往位于范家峁－壕湾的一处无名史前遗址考察，并发现这里有很多仰韶陶器残片和元代瓷器残片，叶舒宪教授采集到一片刻有鱼纹的元代瓷器残片，王润生采集到一个完整的龙山文化陶片，并在临别时送给考察团。叶教授认为，该遗址不仅有仰韶文化陶器、龙山文化黑陶甚至有元代瓷器，说明这一地区考古文化的复杂层次性，符合北方游牧文化与中原农耕文化两大势力相互拉锯战的历史变迁，具有很大的研究价值。12∶30，考察团告别向导黄德生先生，在王润生、曹宏伟的带领下到达山西河曲县。途中，考察团又一次横渡黄河，观赏了太子台、娘娘滩，并实地参观了位于河曲县的黄河古渡口。

13∶00，告别热情周到的向导王润生和曹宏伟，考察团搭乘长途汽车先到山西五寨县，再租车，经过2个小时的高速路疾驰于17∶30赶到山西兴县。考察团在山西省兴县龙池湾中学校长、兴县龙山文化研究会会长张建军先生的带领下，来到当地著名的碧村小玉梁古遗址进行实地考察。遗址考古队的实习人员贾文涛负责接待了考察团。碧村小玉梁古遗址实为祭祀天地的祭坛，由石墙围筑而成，地面设有白灰面刻画的圆台，圆台中央石板被分割为二，分割直线与黄河对岸高坡对齐。考察团推测这可能与古人观测天象有关。小玉梁古遗址距离另一著名的陕西石峁石城遗址约70公里。据张建军介绍，小玉梁遗址曾出土过大量质地优良、形式多样的玉器，在考古文化分期上属于距今4 500年前的龙山文化。这又一次提示了龙山文化从内蒙古中南部到山西的连续性、延续性。目前，小玉梁古遗址尚处于山西省考古所试挖掘阶段，因此一切资料对外保密。但据我们实地考察，小玉梁古遗址石墙的砌筑法与内蒙古中南部史前石城遗址非常相似。

7月21日8∶30，考察团跟随张建军先生到他私宅，观赏其收藏的大量从兴县出土龙山文化时期的玉器。10∶30，在张建军先生和当地向导任玉新先生的带领下，考察团来到距离兴县20公里的奥家湾乡二十里铺又一龙山文化遗址——猪山（又叫前山、后山）进行实地考察。爬上山顶，考察团发现山顶上遗存有类似于兴县碧村小玉梁遗址的祭祀高坛，但其面积和规模远大于小玉梁遗址，山顶祭祀台上似有也用于观天象、祭天地的面台。山上遍地龙山文化时期黑陶器物残片、夹砂红陶器物残片，甚至还有宋代瓷器碎片。考察团在半小时内采集到2件石器、陶足等数十片陶器残片，其中，陶足残块的形体较为完整，被作为本次考察的采集标本。当地向导任玉新向考察团介绍，当地农民以前在此山头曾采集到玉环等玉器。山顶明显有人工筑成的石墙遗迹，其砌筑手法与考察团从包头一路考察得知的龙山时期石城筑法非常相似。山沟间由大水冲击造成的石面颇为壮观，山下有蔚汾河缓缓流过。目前，山间已被当地开发为北沟渠采石场，采石场面很是壮观。山顶上的多处石墙遗迹已被采石所用的爆破损毁。另外，向导任玉新先生介绍说，因为，猪山突出的猪头部位在数年前已被采石爆破损毁，所以村民只能用前山、后山来称呼此山。

13∶30，考察团在张建军先生带领下，驱车前往相邻的陕西神木县，并于15∶30抵达。在神木县收藏家老王的带领下，考察团拜访了号称"神木县第一收藏人"的张某先生的古玩店，参观了展有他收藏的大量玉器、石器和青铜器的古麟州博物馆。17∶30，在向导老王的带领下，考察团来到神木石峁文化研究会所在地，参观了石峁文化研究会会长胡文高先生倾力收藏的大量史前陶器、石器和大量龙山文化玉器。18∶30，考察团在当地餐馆用餐，送别一路陪同的张建军先生后返回兴县。22∶00，考察组住宿在神木县城的一家小旅馆，互相交换考察心得，并对考察进度进行调整。

7月22日8：00，在当地向导老王和司机王永生的带领下，考察团驱车70公里，到府谷县善家峁遗址进行实地考察。遗址面积40～60公里，尚存有人工砌筑的石墙残迹，遗址周围分布有诸多新、老、大、小、方、圆不一的盗洞，触目惊心。考察团在石墙周围采集到大量龙山文化时期的黑色陶器残片和一个完整的黑陶器盖。11：00，考察团来到距离神木县78公里的府谷县城，采访德宝古玩店，拜访府谷县收藏家协会会长张鑫先生。在与张鑫先生的攀谈中，考察团了解到更多有关善家峁遗址的丰富信息以及府谷县出土的玉器、文物情况。12：30，考察团在小餐馆用餐。与张鑫先生告别后，考察团驱车返回到神木石峁文化研究会，观赏新近收藏的玉器、玛瑙、绿松石手链等。

16：30，考察团前往石峁石城遗址，在考古队工作人员卫雪的带领下参观石峁石城遗址的东门，并向她详细了解了考古发掘的进展情况。离开考古点，考察团驱车再次返回神木县。20：30，考察团在神木县宾馆与如约而至的张鑫先生会面。随后，在向导老王的引荐下，考察团又结识了一位收藏家——贺虎仁先生，大家畅谈石峁玉器的来龙去脉至午夜12：00。考察团与贺虎仁先生约定第二天上午去其府上拜访。

7月23日8：00，在向导老王陪同下，考察团前往收藏家贺虎仁家，观赏他珍藏的玉器、陶器以及汉唐时期古物。贺先生赠送考察小组三个龙山文化彩绘陶罐，以作为本次考察的实物标本。随后，考察团跟随贺虎仁先生来到神木县古玩城，观看了各位收藏家收藏的新时期时代石斧、龙山文化玉器以及西汉时期的青铜物件等藏品。12：00，考察团返回神木县宾馆，和收藏家贺先生告别，整理行囊，准备返程。最后，考察团由向导王永生先生驾车送至鄂尔多斯机场。考察圆满结束。

第七章

玉石之路新疆南北道（第七、第八次玉帛之路）考察活动

2015年8月至9月，考察组分两次对"玉石之路"的源头地区新疆、青海路线进行考察，即新疆北路：天山北路、准格尔盆地和阿尔泰山一线；新疆南路：西宁、湟源、青海湖、乌兰、都兰、格尔木，再从格尔木到花土沟、若羌、且末、民丰、于田、洛浦、和田、墨玉县等。

玉石之路新疆北道考察活动

考察时间：2015年8月4—12日

考察人员：组　长：叶舒宪　上海交通大学致远讲席教授、中国社会科学院比较文学中心主任
　　　　　　成　员：易　华　中国社会科学院民族学与人类学研究所研究员
　　　　　　　　　　汪永基　新华社资深记者
　　　　　　　　　　唐学梅　《人民日报》记者
　　　　　　　　　　谢　平　新疆昆仑文化研究院秘书长

主办单位：上海交通大学　中国社会科学院

考察行程：

考察团首先由甘肃广河县出发，经兰州至乌鲁木齐，访问新疆文物考古研究所、新疆自治区博物馆、新疆文联，考察华凌玉器市场等，然后考察团从乌鲁木齐东行至北庭，考察佛教寺院遗址，再驱车东行，至木垒县平顶山，考察史前墓葬考古发掘现场；又自木垒县穿越准格尔盆地北上至清河县，考察三道海子图瓦人文化墓葬和金字塔、鹿石等。随后，考察团驱车自清河县西行，抵达阿勒泰市，考察阿勒泰博物馆、戈壁玉市场、切木尔切克史前石人、石棺墓群遗址。回程，考察团自阿

勒泰驱车南下，途径克拉玛依、奎屯、石河子、昌吉，返回乌鲁木齐。

中国主流玉矿资源调查
——玉石之路新疆南道考察活动

考察时间：2015年9月1—12日

考察人员：组　　长：叶舒宪　上海交通大学致远讲席教授、中国社会科学院比较文学中心主任

　　　　　　成　　员：易　华　中国社会科学院民族学与人类学研究所研究员

　　　　　　　　　　　包红梅　内蒙古社会科学院研究员

　　　　　　　　　　　谢　平　昆仑文化研究院秘书长

　　　　　　　　　　　魏　军　新首钢矿业公司樊毅民副总经理、工程师

主办单位：上海交通大学　中国社会科学院　新首钢矿业公司

图170　叶舒宪教授制作第八次玉石之路考察路线

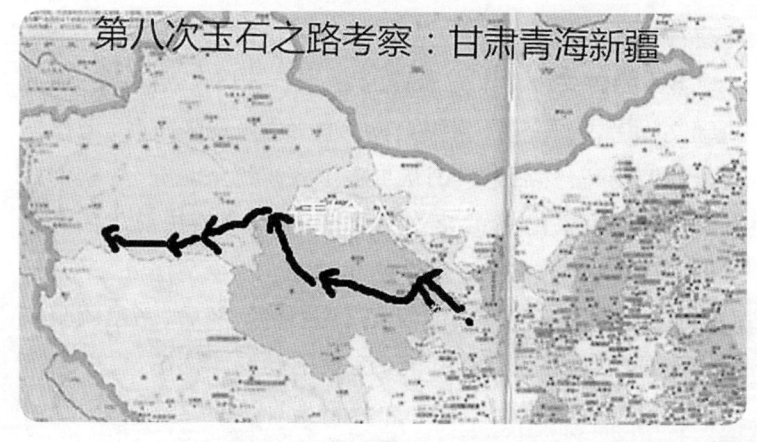

中国玉文化有八千年历史，发展到当代，玉器的产业化规模空前，市场需求的玉料资源缺口很大。老牌的玉矿资源大部分濒临枯竭，新开发的玉矿以青海玉为主流。故此次调研以新疆和青海两省的优质玉料资源为主，兼及甘肃马衔山的透闪石玉矿。

考察行程：

第八次"玉帛之路"考察目标路线为青海道至新疆南道。考察地域跨越甘肃、青海、新疆三省区，单线行程3 000多公里。聚焦玉矿资源点约10个：甘肃临洮马衔山玉矿、青海乌兰"昆仑翠"玉矿、青海格尔木白玉矿、西藏拉萨"西瓜玉"、青海新疆交界处阿尔金山（花土沟、芒崖镇）糖玉矿、新疆若羌黄玉矿、且末糖白玉矿、于田墨玉戈壁料、和田玉龙喀什河籽玉料、墨玉县卡拉喀什河（墨玉河）籽玉料。玉料信息和标本采样工作基本覆盖以上各矿点，大体上涵盖了我国当今玉石原料的青海料和新疆料的主要产地。

图171　考察团探访格尔木最大的白玉矿石

图172 花土沟：中国最大的石棉矿露天开采景观

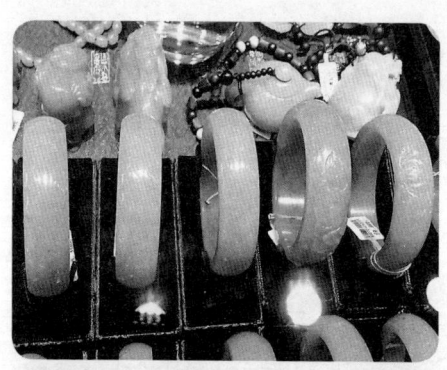

图173 若羌黄玉甲天下

图174 且末的玉石市场：以瓦石峡出产的青玉、青白玉山料为主

图175 和田市白玉河畔的玉石市场

图176 玉石籽料枯竭的喀什玉龙河

图177 墨玉县已经无多少墨玉

第八章

"玉帛之路系列文化考察活动"成果

玉石神话信仰是华夏文明得以发生、传承、发展的重要推动力。"玉石之路"是中国学者根据文献记载和考古发现的玉文化分布情况，近年来新提出的昆仑山和田玉进入中原的路线。其历史约为4 000年，即丝绸之路开启前2 000年就存在的玉石运输路线。

2014年6月至2015年9月，由上海交通大学致远讲席教授、中国文学人类学研究会会长叶舒宪教授发起的"玉帛之路系列文化考察活动"共进行了八次田野调查，分别为：2014年6月"玉石之路山西道考察活动"、2014年7月"玉帛之路河西走廊道考察活动"、2015年2月"玉帛之路环腾格里沙漠考察活动"、2015年4月"玉帛之路与齐家文化考察活动"、2015年6月"2025草原玉石之路文化考察活动"、2015年7月"草原玉石之路河套道考察活动"、2015年7月"玉石之路新疆北道考察活动"、2015年7月"玉石之路新疆南道考察活动"。这八次考察是在国家重建"丝绸之路经济带"的大背景下，旨在希望依托全国长期从事华夏文明、玉石文化以及丝绸之路方面研究的专家学者，共同研究、挖掘并弘扬"玉石之路"的深刻文化内涵。八次考察都是在文献记载基础上规划出的有关史前西玉东输路线的考察，涉及范围广，持续时间长，参与人数多，取得了一系列重大成果。

一 理论成果

1. "玉石之路山西道（第一次玉帛之路）的考察活动"是基于文献研究基础上的实地考察，主要认识到了雁门关在"玉石之路"和西玉东输方面的重要意义，对《穆天子传》所讲述周穆王西行寻玉一事发生认识理解上的转型，并提出"新黄河摇篮"说。"玉石之路"山西道，是目前所知中国历史上开辟年代最早、持续时间最长久的沟通西域的路线，有黄河道、雁门关道一老一新两条路径：前者始于约4 000多年前的龙山文化—齐家文化时期；后者始于商周家马引入中原之后。

2."玉石之路河西走廊道（第二次玉帛之路）考察活动"聚焦甘肃境内的齐家、四坝文化遗址，通过实地考察，凸显了西玉东输文化现象的复杂性。除了新疆和田玉之外，甘肃青海也是西玉东输的玉石资源地。尤其是在甘肃河西走廊的天然屏障祁连山两侧，都有不同的玉石资源存在。自距今4 000年左右的齐家文化开始，西玉东输的历史揭开了序幕，时期越早，这些玉料输入中原或输入陇中地区的可能性就越大。

3."玉帛之路环腾格里沙漠（第三次玉帛之路）考察活动"是"草原玉石之路考察"的前期重要组成部分。通过此次考察，梳理了腾格里沙漠这一农牧交汇地带复杂多变的盐道，提示了玉石之路北上蒙古草原东传的路线问题，凸显了内蒙古阿拉善地区在沟通草原、绿洲玉石之路方面发挥的重要作用。

4."玉帛之路与齐家文化（第四次玉帛之路）考察活动"集中探查了甘肃陇东地区玉矿分布情况，其中对马衔山玉矿的考察引发了对齐家文化用玉源头的思考，启示了古代玉矿分布从一元向多元认识论的转变。

5."2015年草原玉石之路（第五次玉帛之路）文化考察活动"完成了对"草原玉石之路"的初步探查，尤其通过对甘肃马鬃山玉矿的实地考察，厘清中国西北地区西至马鬃山，东到马衔山，北起祁连山，南抵昆仑山200多万平方公里的玉矿资源带，对历史上认定的以新疆和田玉为单一玉源地的"西玉东输"格局，有了从一源一线到多源多线的更全面认识。

6."草原玉石之路河套道（第六次玉帛之路）考察活动"历经内蒙古、山西、陕西三个省区。黄河沿岸石城聚落所提示出的黄河水道及其并行陆路旱道的存在，陶制三足器和典型陶器鬲西传途径以及以石峁玉器为代表的龙山时期繁荣的玉文化，为"西玉东输"草原道的探索带来了新的启发佐证。

7."玉石之路新疆南北道（第七、八次玉帛之路）文化考察活动"聚焦十多个玉矿资源点，大体上涵盖了当今我国玉石原料的青海料和新疆料的主要产地，对这两大玉石之路源头地进行了较为全面的调查。

● 专著成果

八次"玉帛之路系列文化考察活动"在取得丰硕理论成果的基础上，以专著形式集中推介考察成果，在形成良好宣传作用的同时促动了学术成果大众化的普及，对于社会主义核心价值观和以"和"为本的中国传统玉教信仰的不断建构完善提供了重要理论支撑。

《"玉帛之路文化考察活动"丛书》是一系列"玉帛之路文化考察活动"的理论成果总结，作者都由亲临考察活动的专家、学者构成。"丛书"内容丰富，预读者覆盖面广，既有学术性质浓厚的专著，也有通俗易懂的散文随笔。"丛书"共7本，分别为：《玉石之路踏查记》（叶舒宪）、《齐家华夏说》（易华）、《青铜长歌》（刘学堂）、《玉华帛彩》（冯玉雷）、《玉之格》（徐永盛）、《贝影寻踪》（安琪）、《玉道行思》（孙海芳）。下面对各书进行简要介绍：

1.《玉石之路踏查记》集中向读者推介"玉石之路"这一具有无限发展空间的前治学术概念。全书分为上下两编,上编从玉石之路申遗说起,指出玉教信仰是文字、武力统一中国之前的文化大传统;考察玉文化源流,逐渐深切地认识到西玉东输现象对厘清华夏文明的传承、发展脉络具有奠基性作用;下编由考察笔记组成,作者以随笔漫谈方式着重记录了民勤沙井文化三角城、武威黄娘娘台、瓜州兔葫芦、大头山玉矿分布区、永靖王家坡、齐家坪等典型的齐家文化遗址。

2.《齐家华夏说》首先回顾了齐家文化发现研究史,正本清源说明了齐家文化进入了青铜时代,与华夏文明密切相关。然后对齐家与二里头文化进行了系统比较,从冶金考古、植物考古、动物考古、卜骨、玉器和墓葬等方面论证齐家与二里头文化的同质性,发现二头里与齐家文化时空接近、性质又大同小异,并提出如下推论:如果二里头文化是夏文化,齐家文化

图178

图179

就是早期夏文化；如果二里头文化是商文化，齐家文化也可能是夏文化。

3.《青铜长歌》将中国青铜文明的发展史置于世界青铜文明发展、流变体系范围内，追根溯源，系统梳理了世界青铜文化发生、发展、传承的脉络，廓清了中国青铜之路的流变史。前七部分讲述了世界青铜文明的发生及其东传进入中国新疆地区的状况；第八、九、十部分梳理了青铜从河西走廊传入中原的过程，并肯定了齐家文化在其中扮演的重要角色；十一至十三部分，作者通过对二里头文明和陶寺文明的比较，指出前者是自西而东青铜之路的终点大站，由此开始，青铜文明与王权紧密相连；最后一部分，作者从东西文化交流的角度肯定了青铜之路在东方文明形成过程中的关键作用。

4.《玉华帛彩》将玉石和丝绸作为关键词，利用相当篇幅回顾与西北文化有关的几次重要考古、考察活动。其更多内

图180　　　　　　　　图181

图182

容是对考察过程所见、所闻、所感的文化遗址、文物精华、历史典故、民俗风情等进行人类学书写,将文献资料的详实考证、学者真诚探究的精神状态、田野调查的现场感受紧密结合起来,从而彰显文化传播中在不同地域环节产生的独特影响和文化状态,以及各个文化环节之间的联系。

5.《玉之格》共分五个章节:《玉示:梦里不知身是客》《玉史:史前古玉知多少》《玉视:玉帛之路山海经》《玉诗:西部美玉今安在》《玉思:玉帛绵绵续续春秋》。作者以通灵老玉的口吻,优美、精致地讲解了有关玉的知识,有关古玉的史前文化演变,有关玉的地理分布及和田玉的历史踪迹,有关"玉帛之路"的路线玄谜以及"玉帛"所承载的精神向度和核心价值等问题。

6.《贝影寻踪》以趣味为旨归,以考证为手段。作者通过人类学的视角关注了西亚祆教的文化遗产、北方胡族政权的王室与豪族,以及玉石、海贝、斯基泰风格的有翼兽铜牌的生产、交换、漫游与流布等主题,考察这些作为社会记忆的文化遗存,探索了其背后个人与群体之间的利益与权力关系。

7.《玉道行思》用散文随笔的形式对"玉帛之路文化考察活动"进行了具有人类学价值的记录和书写,趣味性、可读性强。

图 183　　　　　　　　　　图 184

三 专刊报道

丝绸之路杂志社作为全球唯一一家以"丝绸之路"命名的杂志，拥有丰富的办刊经验。杂志社在做好刊物的同时积极参与到"玉帛之路系列文化考察活动"中，对活动的开展起到极大的宣传、推动作用。2014年6月至今，《丝绸之路》已经策划并编辑出版了与"玉帛之路系列文化考察活动"相关的专刊四本，并不定期刊登与玉帛之路相关的成果文章。现将这些成果罗列如下：

1.《丝绸之路·"中国玉石之路与齐家文化研讨会"暨"玉帛之路文化考察活动"专刊》(2014年第19期，总第284期)

专刊对"中国玉石之路与齐家文化研讨会"暨"玉帛之路文化考察活动"进行了全方位的报道记录。

图片185 丝绸之路·"中国玉石之路与齐家文化研讨会"暨"玉帛之路文化考察活动"专刊

图186 丝绸之路·玉帛之路文化考察活动成果专刊

图187 丝绸之路·齐家文化专刊

图188 丝绸之路·"2015'草原玉石之路(第五次玉帛之路)文化考察暨首届中国玉文化高端论坛"专刊

2.《丝绸之路·玉帛之路文化考察活动成果专刊》(2015年第12期,总第301期)

专刊对"玉帛之路文化考察活动"各项成果进行了系统总结。

3.《丝绸之路·齐家文化专刊》(2015年第13期,总第302期)

专刊对齐家文化进行了集中宣传推介。

4.《丝绸之路·"2015'草原玉石之路(第五次玉帛之路)文化考察暨首届中国玉文化高端论坛"专刊》(2015年第15期,总第304期)

专刊对"2015'草原玉石之路(第五次玉帛之路)文化考察暨首届中国玉文化高端论坛"进行了全方位报道记录。

四 《玉帛之路》纪录片

为积极响应国家"一带一路"战略布局和甘肃建设华夏文明传承创新区的决策部署,在2014年"玉帛之路文化考察活动"期间,武威市广播电视台和《丝绸之路》杂志社联合创制了四集电视纪录片《玉帛之路》。该片先后在中国甘肃网、首届中国玉文化高端论坛和考察沿线城市电视台展播,得到了专家学者和社会各界的高度评价。

《玉帛之路》纪录片共四集,分别为《玉出昆冈》《驿路寻玉》《玉振金声》《玉耀陇原》,每集60分钟,总时长240分钟。该片通过"玉帛之路文化考察活动"这一"现实事实"的客观纪录,全面反映了专家学者对玉帛之路的背景研究、路线研究、玉资源研究、齐家古国研究和华夏史前文明探讨,集中展示了产生于陇原大地上的马家窑文化、齐家文化、四坝文化、

图189　《玉帛之路》纪录片片头

图190　纪录片工作照 I

图191 纪录片工作照 II

图192 纪录片工作照 III

火烧沟文化、沙井文化、辛店文化的独特魅力，全景再现了华夏史前文明时期"玉石之路"产生、发展、演变的"历史真实"，理性探讨了玉石神话信仰、神话王权建构和玉所承载的以"和合精神"为代表的核心价值，阐释了陇原大地对华夏文明发祥、传承的必然关系和积极影响，说明了甘肃是中国远古时代文化改革开放融汇的前沿和华夏文明重要的发祥地。

五 样品采集

"玉帛之路系列文化考察活动"行程始自中原晋中盆地，后向西、向北辐射至草原玉石之路覆盖区及河套、陇东、河西地区，并继续向西延伸至昆仑山脉和天山山脉，基本覆盖了我国西北地区200万平方公里的玉矿资源带。在这个过程中，玉石籽料、遗址陶片等样品采集成为考察的重要成果。专家们分别从马衔山玉矿、马鬃山玉矿遗址以及新疆、青海的玉矿资源区采集到玉石原料标本。这些标本对充实考察理论成果提供了重要的支撑。

六 其他成果

"玉帛之路文化考察活动"取得了学术、丛书、纪录片等各种形式的成果，这些成果不仅得到了学术界、民间各阶层的认可，更受到政府、高校的充分肯定。在这样利好的形势下，依托"玉帛之路"各项文化成果，中国玉文化高端论坛、中国文学人类学研究会甘肃分会等机构相继成立。这些机构随着

"玉石之路"学术概念的持续高潮以及"玉帛之路文化考察活动"的影响,得到了发展,也取得了一些成绩。

1. 成立中国玉文化高端论坛

2014年9月,经中共甘肃省委宣传部批准,中国玉文化高端论坛在丝绸之路杂志社成立。中国玉文化高端论坛是一个专注中国传统文化研究及对外传播的高端国际论坛,是中国西部文化的国际性新品牌,也是政府、企业及专家学者等探讨文化领域及相关问题的高层次对话平台。论坛以全国长期从事华夏文明、玉石文化以及丝绸之路方面研究的专家学者为依托,实行兰州、西安、北京、上海四地联动的方式,充分调动并整合国内学术文化资源,联合政府及各文化研究单位,为华夏文明及玉帛之路的研究提供有力支持。

2015年6月,首届中国玉文化高端论坛在西北师范大学召开,取得了良好反响,得到了社会各界的支持与肯定。

2. 成立中国文学人类学研究会甘肃分会

2014年11月,中国文学人类学研究会经研究决定,同意甘肃丝绸之路杂志社的申请,在西北师范大学丝绸之路杂志社成立中国文学人类学研究会甘肃分会,并同意在临夏、张掖、瓜州、敦煌等地建立工作基地。甘肃分会充分依托《丝绸之路》杂志,面向丝绸之路文化辐射地区,积极开展文学、文化等人类学资源调查、研究、整理、发掘等各项工作,实现了地方文化、文物、人类学资源共享,打通了地方学者、高校及社科研究机构、媒体、文学、文化、艺术界的界限,以全方位地,以新视野、新思维开展人类学的各项活动。

目前,中国文学人类学研究会甘肃分会已陆续在北京、华东、华南、陕西、阿右旗及甘肃省敦煌、瓜州、高台、山丹、民乐、武威、景泰、平川等地设立工作基地，并开展相关工作。各基地在历次"玉帛之路系列文化考察活动"中都起到了关键性的协助作用，促进了"玉帛之路文化考察活动"的顺利展开。

3. 成立敦煌乐舞团

2014年12月，西北师范大学丝绸之路杂志社与音乐学院联合成立敦煌乐舞团。敦煌乐舞团是一个集学术研究、成果转化、舞台再现于一体的全方位、现代化艺术创作与发展机构。乐舞团致力于敦煌乐舞文化资源的开发，通过强化自身与校地、学术机构与文化企业之间的联系，建立起创作演出、营销策划、剧场演艺等多种经营模式，进一步促进学术成果有效转化为现实生产力，最终将敦煌乐舞这一具有极高学术价值和生动舞台表现魅力的艺术形式推向文化市场，真正惠及普通民众，彰显敦煌文化强大的包容性与表现力。

目前，敦煌乐舞团已成功举行两场演出，分别是，2014年12月敦煌乐舞团成立首场演出及2015年6月在首届中国玉文化高端论坛上演出。两场演出都取得了良好的社会反响。

4. 成立丝绸之路文化艺术资料馆

2015年1月，丝绸之路文化艺术资料馆在丝绸之路杂志社成立。艺术馆集中收藏有关"丝绸之路"历史、文化、艺术、经济等各方面的历史文献、学术成果、田野调查报告、影视音乐等各种文化人类学资料，以及民间乐器、民间服饰、民间雕塑、工艺品，"丝绸之路"沿线出土的各类文物，并将这些资料用于学术研究、教学、交流和观摩等。

目前，丝绸之路文化艺术资料馆已通过数次"玉帛之路文化考察活动"，收集到有关"丝绸之路""玉石之路"的各种学术成果、调查报告等几十篇，并采集到陶片、瓦片等各种标本。丝绸之路文化艺术资料馆还保存了有关"玉帛之路文化考察活动"的会旗、胸牌等人类学资料。